Wilhelm Deuer

Jauntaler Kulturwanderungen

Wilhelm Deuer

Jauntaler Kulturwanderungen

Ein kunstgeschichtlicher Begleiter durch den Bezirk Völkermarkt

JHK
1868
VERLAG JOHANNES HEYN

BILDNACHWEIS

Deuer, Wilhelm:,24, 25, 28, 36, 40, 41, 52, 68, 72, 74, 96, 100, 115, 117, 118, 121, 124, 125, 128, 137, 140, 141, 144, 145, 156
Zechner, Gerd:13, 29, 37, 44, 49, 52, 53, 54, 55, 60, 64, 73, 76, 81, 84, 85, 88, 89, 92, 93, 97, 105, 112, 113, 132, 133, 148
Verlag Johannes Heyn: 9, 11, 18, 20, 58, 66, 94, 102, 103, 109, 120, 127, 136, 146, 151
Landeskonservatorat für Kärnten: 12, 32, 61, 75
Kärntner Landesarchiv: 21
Gemeinde St. Kanzian: 45
Stadtgemeinde Bleiburg: 80
Gemeinde Diex: 129
Draukraft, Klagenfurt (Titelbild)

Titelbild: Schloß Neudenstein

Lithos: Team Onofre
Druck: Carinthian Bogendruck, Klagenfurt
ISBN 3 85366 977 8

INHALTSVERZEICHNIS

Werner Berg, Holzschnitt „Mutter mit Kindern"

Zum Geleit!

Ob ein Frühlingstag in der Möchlinger Au oder auf dem sonnenreichen und schon aperen Diexerberg, ein Sommerabend im Stiftshof von Eberndorf oder in einer der urtümlichen Gaststätten fernab des Touristenhauptstromes, der Blick von der Ruhstatt bei Völkermarkt auf die Herbstnebel des Edlinger Stausees, oder eines jener elegischen winterlichen Landschaftsbilder mit schemenhaft beleuchteten Gehöften, wie sie in Werner Bergs Ölbildern so eindrucksvoll festgehalten sind – niemand wird sich dem Reiz des Jauntales entziehen können. Die Landschaft zwischen Freibach und Karawanken, Kömmel und Saualpe, dem Klagenfurter Becken und der Drau ist erstaunlich vielfältig: südlich der Drau finden wir Aulandschaften neben Schotterterrassen ebenso wie sanfte und stellenweise steil abfallende Hügel, dann die waldreichen Karawankenvorberge und schließlich die Kalkklippen des Hochgebirges selbst. Eine Besonderheit sind die warmen Badeseen, aber auch die schilfbewachsenen Moore, die erfolgreich einer „Melioration" getrotzt haben und heute wieder als Symbole unberührter Natur geschätzt werden. Nördlich der Drau führt uns der Weg durch das bergige Trixner Tal bis auf die sonnigen Hänge der Saualpe.

Der vorliegende Führer will Anregungen geben, Geschichte und Kultur dieser besonderen Kärntner Landschaft anhand ihrer Siedlungen und Bauten besser zu verstehen. Hier sollen die Kulturgüter, insbesondere die Kirchen, Burgen und Schlösser im Vordergrund stehen, auch wenn uns allenthalben schöne Beispiele der Volksarchitektur und vor allem zahllose Bildstöcke als lebendige Beispiele gelebten Volksglaubens begegnen. Keineswegs kann der Anspruch auf Vollständigkeit gestellt werden.

Ich bin einigen Personen und Institutionen zu Dank verpflichtet, insbesondere den Mitarbeitern im Bundesdenkmalamt/Landeskonservatorat für Kärnten, dem Archiv der Diözese Gurk, dem Landesmuseum für Kärnten und dem Kärntner Landesarchiv. Meiner Ehefrau Barbara danke ich für Recherchen und Korrekturen. Und den Lesern, ob Feriengäste oder kulturinteressierte Einheimische, wünsche ich eine kurzweilige Lektüre und ergiebige Kulturausflüge im schönen Jauntal.

Der Verfasser

Das Jauntal im Spiegel seiner Geschichte – ein Überblick

Vorbemerkung

Im Gegensatz zur heute landläufigen Gleichsetzung des Begriffes Jauntal mit den östlich ans Rosental anschließenden Kärntner Gebieten südlich der Drau umspannt die vorliegende Broschüre den gesamten politischen Bezirk Völkermarkt mit seinen 13 Gemeinden. In der historischen Topographie war der Begriff Jaun aber weiter gefaßt und schloß mit den politischen Bezirken Völkermarkt und Wolfsberg insgesamt rund ein Drittel Kärntens ein.

Land und Herrschaft

Nach gegenwärtigem Forschungsstand sind in der Griffner Tropfsteinhöhle mit Funden, die bis in die Altsteinzeit (vor 20.000 – 30.000 Jahren) zurückreichen, die bislang ältesten Spuren menschlicher Zivilisation in Kärnten dokumentiert. Seit der Jungsteinzeit (rd. 5.000 – 2.200 v. Chr.) ist eine Besiedelung des Hemmaberges bei Globasnitz anzunehmen, und auf dem Höhenrücken der Gracarca südlich des Klopeinersees konnten ausgedehnte Siedlungsspuren der Bronze- und Hallstattzeit freigelegt werden (2.000 – 500 v. Chr.); etwa aus der gleichen Zeit stammen die Hügelgräber bei Führholz. Die keltische Dauersiedlung Juenna auf dem Hemmaberg wurde nach der Eingliederung Norikums ins Römerreich nach damaliger Gewohnheit ähnlich wie Virunum ins Tal verlegt (nahe dem heutigen Dorfzentrum von Globasnitz); hier führte eine wichtige Römerstraße von Celeia (Cilli, heute Celje/Slowenien) nach Virunum vorbei. Als im Zuge der Völkerwanderung das Leben im Tal wieder unsicherer wurde, erlebte der Hemmaberg seit dem 5. Jh. als Rückzugsort und religiöses Zentrum eine neuerliche Blüte.

Obwohl in der hochmittelalterlichen Grafschaft Jaun und einer ihrer Hauptburgen Jouneck die Erinnerung an die keltische Gottheit Jovenat weiterlebte, gab es hier nach dem Zusammenbruch der Römerherrschaft keine politisch-herrschaftliche Kontinuität. Mit der Ablösung der alpenslawisch-karantanischen Herrschaftsschicht durch bairisch-fränkische Gefolgsleute seit dem 9. Jh. gelangte das Gebiet südlich der Drau an Aribonensippen mit Herrschaftsschwerpunkten in Bleiburg und Stein, wo uns vor der Jahrtausendwende die heilige Hildegard mit ihren Söhnen Albuin und Aripo begegnet; später waren hier der Friauler Graf Chazelin und die Grafen von Görz-Tirol begütert. Nördlich der Drau hatte die Sippe der Gräfin Hemma von Zeltschach-Gurk reichen Besitz und Herrschaftsrechte.

Die Grafschaft Jaun gelangte um 1100 an ein mächtiges Geschlecht,

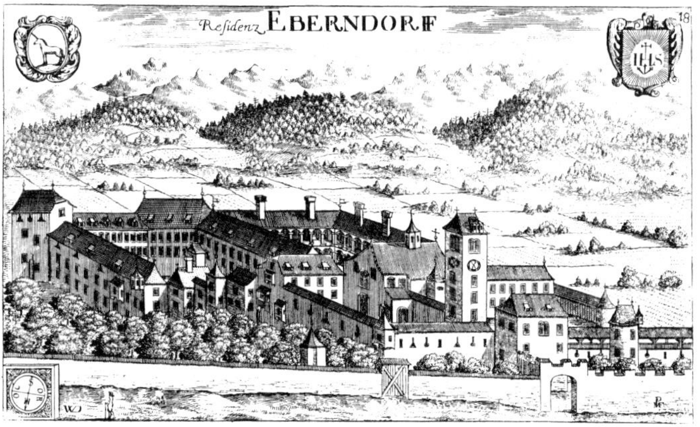

Vogelschau der Jesuitenresidenz Eberndorf gegen Nordost, Kupferstich aus: Johann Weichard von Valvasor, Topographia archiducatus Carinthiae, Nürnberg 1688

das sich nach der Heunburg nordöstlich von Völkermarkt nannte. Der Schwerpunkt der Herrschaft verschob sich nunmehr für rd. anderthalb Jahrhunderte deutlich nach Norden. Im 13. Jh. zerfiel die Grafschaft endgültig in kleinere Einheiten, die sogenannten Landgerichte, und zwar im heutigen Bezirk Völkermarkt nördlich der Drau Weißenegg, Heunburg, Waisenberg (Obertrixen), während das Gebiet um Tainach zum riesigen Landgericht Maria Saal gehörte; südlich der Drau in Rechberg, Stein, Sonnegg, Feuersberg und (Eisen)Kappel. In deren Sprengel entstanden bis in die frühe Neuzeit auch Burgfriede (Bezirke niederer Gerichtsbarkeit) der Städte und Märkte Völkermarkt, Bleiburg und Griffen, der Stifte Eberndorf und St. Paul (Möchling) sowie der Schlösser Höhenbergen, Neudenstein, Töllerberg, Frankenstein und Neuhaus. Diese Gerichte waren, wenngleich seit den Zeiten Maria Theresias zunehmend unter staatliche Aufsicht gestellt, bis zur Mitte des 19. Jhs. wichtige Einnahmsquellen für ihre Inhaber; allen voran im Hoch- und frühen Spätmittelalter die Heunburger, im ausgehenden Spätmittelalter und im 16. Jh. die protestantischen Ungnad, seit dem 17. Jh. südlich der Drau die Thurn-Valsassina (Bleiburg 1601) und die Freiherren von Rosenberg, später Grafen bzw. Fürsten Orsini-Rosenberg.

Nachdem schon unter Maria Theresia und ihrem Sohn Josef II. die staatliche Verwaltung ausgebaut worden war, führten die entscheidenden Verwaltungsreformen von 1848/50 neben der Abschaffung der bäuerlichen Grunduntertänigkeit vor allem zu einem flächendeckenden Netz freier politischer Gemeinden als unterste Stufe der Selbstverwaltung. Anstelle der alten Landgerichte und

Burgfriede wurde ein Netz von Bezirksgerichten aufgebaut (im hier behandelten Gebiet Völkermarkt, Bleiburg, Eberndorf und Eisenkappel, von denen die beiden letzteren jedoch 1978 aufgelöst wurden) und mit den Bezirkshauptmannschaften seit 1868 eine neue Stufe der staatlichen Verwaltung eingeführt. Heute umfaßt der Bezirk Völkermarkt 13 Gemeinden, deren Umfang durch Reformen besonders 1972/73 mehrfach beträchtlich verändert worden ist. Feistritz ob Bleiburg, von 1973 bis 1990 mit der Stadtgemeinde Bleiburg vereinigt, nach einer Volksbefragung jedoch wieder verselbständigt, ist ein aktuelles Beispiel für den Wunsch der ländlichen Bevölkerung nach einer eigenen politischen Identität.

Kirchliche Verhältnisse

Über die ersten lokalen Kulte ist wenig bekannt, doch knüpfte schon die römische Götterwelt an norische Gottheiten an, vor allem an Jovenat, der für das Jauntal namengebend werden sollte. Die Heiligtümer standen oft auf Berggipfeln, wofür gerade der Hemmaberg – dessen Gipfel seit dem Spätmittelalter von einer Kirche überbaut war – ein gutes Beispiel darstellt. Aufsehenerregende Ausgrabungen der letzten Jahrzehnte haben ein überregional bedeutendes Pilgerzentrum seit dem 4. Jh. mit zuletzt sechs Kirchen zutage gebracht, in denen Arianer und Orthodoxe nebeneinander ihren Gott verehrten. Diese blühende christliche Kultur wurde durch die alpenslawische Zuwanderung seit dem späten 6. Jh. zerstört.
Die zweite Missionierung knüpfte im Gegensatz zu Westösterreich nicht an die spätantiken Glaubensstätten an. Der berühmte Schiedsspruch Karl des Großen, mit dem er 811 die Drau als Grenze zwischen dem Erzbistum Salzburg und dem Patriarchat Aquileja festlegte, sollte den heutigen Bezirk Völkermarkt kirchlich für neuneinhalb Jahrhunderte teilen. In der Folge können wir hier sehr unterschiedliche Verhältnisse beobachten: Stein und das Klopeiner Seegebiet fielen im 11. Jh. an das Tiroler Bistum Brixen, doch haben sich die Grafen von Görz die Herrschaftsrechte darüber angeeignet. Das Trixner Tal kam über die heilige Hemma an das Frauenkloster in Gurk und später an den dortigen Bischof. Mit Hildegard von Stein (+ vor 993) aus dem Geschlecht der Aribonen kann das Jauntal sogar auf eine bodenständige Heilige verweisen. Das Stift St. Paul besaß im hier behandelten Gebiet wichtige Besitzungen (z. B. Völkermarkt), konnte aber nur zu Möchling und Abtei (wo sogar noch der Ortsname an das Stift erinnert!) seine Rechte wahren: Zu Möchling kam es in Konkurrenz mit Stift Eberndorf, das die Verehrung der Hildegard förderte, sogar zu einem Kult ihres legendenhaften Gemahls Paul Albuin – sein kunsthistorisch bedeutender Reliquienschrein aus Lindenholz (15. Jh.) ist in den letzten Kriegstagen

Der Möchlinger Schrein, aus: Die österreichisch-ungarische Monarchie in Wort und Bild: Kärnten und Krain, Wien 1891

1945 im Kunsthistorischen Museum in Wien zugrunde gegangen. Für das Hochmittelalter wurden mehrere Klostergründungen bedeutsam: In der ersten Hälfte des 12. Jhs. wurde Eberndorf schrittweise ein Augustiner-Chorherrenstift und damit seelsorgliches Zentrum des Patriarchats (1106/1154). Nahezu gleichzeitig beschritten der Erzbischof von Salzburg mit der Gründung eines Kollegiatkapitels zu Völkermarkt (1231) und der Bischof von Bamberg mit der Ansiedlung regulierter Chorherren vom Orden der Prämonstratenser (1236) im Griffnertal unterschiedliche Wege zu einer Intensivierung der Seelsorge. Im Ortsnamen von Gallizien, einer Kirchengründung von Eberndorf, lebt noch heute die Erinnerung an den

Ausschnitt der patronierten Holzdecke von 1593 in der Filialkirche St. Sebastian in Aich

mittelalterlichen Pilgerweg zum Grab des Apostels Jakobus d. Ä. nach Santiago de Compostela in Nordspanien weiter. 1461 wurde die Pfarre Bleiburg dem neugegründeten Bistum Laibach angeschlossen und damit die Jauntaler Kirchenadministration weiter unterteilt. Die Wehrkirchen der Saualpe sind wiederum eindrucks-

Ein für die Region typischer Laubenbildstock vor Eisenkappel (Viktorhütten) mit einer Pietà-Statue und Gottvater im Giebelfeld, bez. 1953

volle Zeugnisse der Selbsthilfe und Eigeninitiative der Landbevölkerung nach den verheerenden Türkeneinfällen von 1473 bis 1483. Die bäuerliche slowenische Bevölkerung gilt traditionell als tiefgläubig und besonders der Gottesmutter zugetan. Trotzdem war auch das Jauntal im 16. Jh. weitgehend protestantisch geworden, wobei insbesonders Hans von Ungnad (+ 1564), Herr von Sonnegg und Waldenstein, sich um die Verbreitung slowenischer kirchlicher Druckschriften verdient gemacht hat. Der Erfolg der katholischen Gegenreformation ab 1600 bei der slowenischen Bevölkerung lag nicht zuletzt im Ausbleiben des Nachschubs slowenischer Bibeln und Postillen aus Deutschland. Während Völkermarkt sogar als gegenreformatorischer Bischofssitz in Betracht gezogen wurde, kam es zur landesfürstlich verfügten Auflösung des Chorherrenstiftes Eberndorf, weil der Besitz zur Ausstattung des Klagenfurter Jesuitenkollegs benötigt wurde. Spuren der Jesuiten, die auch die Hildegardverehrung in Stein förderten, begegnet man daher in den Kirchenausstattungen der Umgebung von Eberndorf immer wieder. Auch die Vogtei-Herrschaften der Orsini-Rosenberg waren eine Stütze des katholischen Glaubens. Im späten 17. Jh. setzte sich gleichsam als lokale Mode die Ausstattung flachgedeckter Kirchen und Kapellen mit patronierten bzw. schablonierten Holzdecken durch.

1752 wurde das Patriarchat Aquileja aufgelöst und das Jauntal dem stattdessen neugegründeten Erzbistum Görz zugeteilt. Unter Josef II. erfolgten weitere wichtige Veränderungen: Das Erzbistum Salzburg trat seinen Kärntner Sprengel nördlich der Drau (darunter Völkermarkt und Umgebung) dem Bistum Gurk ab, während das Lavanttal und das Jauntal südlich der Drau an das Bistum Lavant mit dem Sitz in St. Andrä fielen. Die josephinischen Reformen griffen auch tief in die Volksfrömmigkeit ein: Während die Seelsorge durch Pfarrgründungen und Kirchenneubauten verbessert wurde, sind die kirchlichen Feiertage reduziert und die Wallfahrten erschwert worden. Auch im Jauntal können wir Widerstand gegen bestimmte obrigkeitliche Maßnahmen festellen: 1789 ist der Pfarrvikar von Mieß (Mežica) südöstlich von Bleiburg mißhandelt worden, weil er eine Christophorusdarstellung an der Pfarrkirche übermalen ließ. Ein Jahr später stellte eine Gruppe von Pfarrangehörigen unter der Führung des Mesners in Rinkenberg demonstrativ wieder bekleidete Statuen der Maria und des Christkindes auf, nachdem diese zuvor entfernt worden waren.

1859 kamen auch die Dekanate Bleiburg und Eberndorf zum Bistum Gurk, das sich erst seitdem mit den Landesgrenzen deckt. Seit der zweiten Hälfte des 19. Jhs. hat sich der Klerus im Zuge der Polarisierung der Nationalitäten als starkes slowenisch-nationales Element gegen die zunehmende Assimilierung erwiesen und insbesondere bei der jugoslawischen Besetzung von 1918 bis 1920 sowie vor der Volksabstimmung politische Agitation zugunsten Jugoslawiens und der Slowenen mit einem Zentrum in **Eberndorf** betrieben.

Die Volksfrömmigkeit des Jauntales kommt heute einerseits in besonderen Bräuchen zum Ausdruck: Etwa durch den Dreibergelauf am zweiten Freitag nach Ostern vom Liesnaberg nach Heiligengrab bei Bleiburg, einem bewußten Gegensatz zum bekannteren Vierbergelauf; durch das Eisenkappler Kirchleintragen am Maria-Lichtmeßabend (2. Februar) oder das Striezelwerfen vor der Pfarrkirche von Stein in Erinnerung an die Armenstiftung der heiligen Hildegard (5. Februar). Das Jauntal ist aber auch eine Landschaft überreich an kirchlichen Flurdenkmälern wie Bildstöcke und Wegkreuze. Sie erinnern an Seuchen, Katastrophen, markieren Flur- und alte Gerichtsgrenzen oder gehen auf Gelübde zurück. Vom einfachen Wegkreuz über den Pfeiler- und Nischenbildstock bis hin zur kleinen Kapelle reichen die meist auf Privatinitiative zurückgehenden Denkmäler, die aufgrund ihrer ständigen Erneuerung, insbesondere ihrer Ausmalung, ein besonders lebendiges Beispiel des Volksglaubens darstellen. Genannt werden sollen hier stellvertretend nur der Pfeilerbildstock beim Stift Griffen (Jahreszahlen seit 1575), das Florianikreuz von Rinkolach in der Grundrißform eines Kreuzes mit schindelgedecktem Kegeldach, das vielleicht an eine Pestepidemie (1545?) erinnert und zuletzt 1967 restauriert wurde, oder die Hemmakreuze um Globasnitz und Hildegardkreuze bei **Stein.** Sie prägen die christliche Kulturlandschaft des Jauntales in besonderem Maße.

Die Nationalitätenfrage

Wie die etwa am Karner von Globasnitz erhaltenen Porträtgrabmäler beweisen, blieben selbst zur Hochblüte der römischen Kultur keltisch-norische Regionalismen, etwa in der Tracht, noch weiter bestehen. Einen massiven politischen und kulturellen Kontinuitätsbruch bewirkte hingegen die dauerhafte Niederlassung von Alpenslawen seit dem späten 6. Jh. Die weitgehende Überlagerung des keltischen und römischen Sprach- und Kulturgutes kommt am besten in den Ortsnamen zum Ausdruck (z. B. Globasnitz: „Wurstbach“, Mökriach: „im Nassen gelegen“, Gletschach: „an der Sandbank“). Seit dem 8. Jh. und insbesondere bei den Nachkolonisierungen bis ins 13. Jh. ist ein Vordringen deutschsprachiger Siedler festzustellen, die ebenfalls ihre Spuren im Namensgut hinterlassen haben (z. B. Grafenbach, Aich). Bei den Markt- und Stadtsiedlungen überwiegen deutsche Namensformen wie Völkermarkt oder Bleiburg, während in (Eisen-)Kappel die kirchliche Wurzel (Kapelle) mit lateinischem Wortstamm zum Ausdruck kommt. Vom Spätmittelalter bis zum Ersten Weltkrieg war die Sprachgrenze in Kärnten einigermaßen konstant, wobei das Jauntal bzw. der Bezirk Völkermarkt am Land slowenischsprachig war, während die Städte und Märkte einen höheren, z. T. auch über-

wiegenden deutschsprachigen Bevölkerungsanteil besaßen (etwa in Völkermarkt). Die deutsche Sprache war aber auch Herrschaftsmittel und Ausdrucksform sozialen Aufstieges.
Das Erwachen des Bewußtseins der Volkstumszugehörigkeit als Folge von Aufklärung (Naturrechte) und Französischer Revolution machte die Habsburgermonarchie im 19. Jh. zunehmend zum Unruheherd. Seit 1848 gab es konkrete Bestrebungen zur Vereinigung der Volksgruppen auf Kosten der historisch gewachsenen Territorien. Aber Kärnten war ethnisch durchmischt – eine kulturhistorisch durchaus fruchtbare Basis – und daher waren auch die politisch maßgeblichen Kärntner Slowenen zunächst gegen eine Teilung des Landes. Die zunehmende Polarisierung im Laufe des 19. Jhs. in deutschnationale (= liberale) und slowenischnationale (= konservativ-klerikale) Kräfte schwächte darüberhinaus auch die Christlichsozialen. Nationalslowenische Versammlungen, sog. „Tabore", und slowenische Vereinsgründungen waren die Antwort auf die Mobilisierung deutschnationaler Kräfte, die etwa deutschsprachige Schulen in den gemischten Gebieten förderten (Schulverein Südmark).
Mit dem Zusammenbruch des Habsburgerreiches nach dem Ersten Weltkrieg und der Gründung einer Militärmonarchie SHS (Jugoslawien) war Restösterreich nicht überraschend mit Gebietsansprüchen auf die von Slowenen bewohnten Gebiete Kärntens konfrontiert. Auf die Besetzung des Mießtales und schrittweise des ganzen Jauntales einschließlich Völkermarkts noch im Dezember 1918 reagierte die Landesregierung ab dem 5. Dezember mit offiziellem militärischem Widerstand. Die folgenden Abwehrkämpfe brachten zunächst Erfolge und führten Anfang Mai 1919 zur Vertreibung der Besatzungsmacht aus Kärnten, bis durch eine Gegenoffensive ab Ende Mai 1919 wieder weite Teile Südkärntens von Jugoslawien zurückerobert wurden.
Der militärische Widerstand Kärntens hatte aber bereits internationale Beachtung gefunden. Er bewirkte die Entsendung einer Kommission unter Führung von Oberstleutnant Sherman Miles und führte letztlich zur Zuerkennung einer Volksabstimmung über das umstrittene Gebiet unter interalliierter Aufsicht im Sinne von Woodrow Wilsons Selbstbestimmungsrecht der Völker. Obwohl das Abstimmungsgebiet vom Juni 1919 an unter dem Gewaltregime der jugoslawischen Besatzung stand, vermochte eine geschickte und beherzte Kärntner Propaganda am 10. Oktober 1920 fast 60 % der Abstimmungsberechtigten für Österreich zu motivieren, unter ihnen ca. 10.000 Slowenischsprachige. Eine Marktorientierung in den Kärntner Zentralraum und die topographisch augenscheinlichere Karawankengrenze vermochten ebenso wie die kul-

turellen Zusammenhänge mit der Mehrheitsbevölkerung besser zu überzeugen als der Brüdermythos der Südslawen. Immerhin hatte Österreich damals als Kriegsverlierer und aufgrund instabiler politischer und wirtschaftlicher Verhältnisse nur wenig zu bieten. Innerhalb des Bezirkes Völkermarkt gab es mit starken regionalen Unterschieden eine deutliche Mehrheit für Österreich (in Pustritz stimmten fast 97 % für Österreich, in Moos bei Bleiburg jedoch 85 % für Jugoslawien). Bemerkenswert ist, daß eine Abstimmung nur südlich der Drau mit einer knappen projugoslawischen Mehrheit geendet hätte.
Als direkte Folge der Besetzung und Volksabstimmung setzte ein starker Rückgang des Bekenntnisses zur slowenischen Sprache ein, quasi ein Identitätswechsel, der erst in der Zweiten Republik gestoppt werden konnte. Der Nationalsozialismus hat mit den Aussiedlungen von Slowenen die Annäherung der Volksgruppen in der Ersten Republik, die fast zu einer Kulturautonomie geführt hätte, zunichte gemacht. Auf der anderen Seite kämpften im Zweiten Weltkrieg Partisanen großteils für einen kommunistischen Staat. Zuletzt hat der Ortstafelsturm von 1972, als die nicht ausreichend vorbereitete Aufstellung zweisprachiger Ortstafeln zu Gewaltreaktionen führte, das Image Kärntens nachhaltig negativ beeinflußt, und ein Sprengstoffanschlag jugoslawischer Aktivisten auf das Völkermarkter Museum 1979 verunsicherte die Bevölkerung. Heute ist man sich stärker einer sprachlichen Multikulturalität bewußt, und gerade im Bezirk Völkermarkt finden wir eine selbstbewußte slowenische Minderheit mit vielen verfassungsmäßig garantierten Rechten, wie zweisprachige Ortstafeln, das Recht auf slowenische Sprache im Ämterverkehr sowie im Schulunterricht.

Wirtschaftliche Verhältnisse

Obwohl sich entlang der wichtigeren Verkehrswege spätestens seit dem 13. Jh. mit den Märkten Handels- und Gewerbezentren ausbildeten, von denen Völkermarkt und Bleiburg im 13. bzw. 14. Jh. Stadtrechte erlangten, so dominierte im Jauntal beidseitig der Drau bis ins 20. Jahrhundert die Landwirtschaft. Was aber der Boden leichter gab als etwa in den Gebirgsregionen Oberkärntens, forderten bis zur Mitte des 19. Jhs. die adeligen Grundherren umso strenger von ihren Untertanen, sei es an Natural- oder später Geldabgaben, vor allem aber als Robotleistungen. Im Südosten Kärntens lagen mächtige und große Grundherrschaften wie Bleiburg und Sonnegg mit mehreren hundert Huben, sowie als geistliches Beispiel die Stiftsherrschaft Eberndorf, von deren Ertrag im 17. und 18. Jh. auch das Klagenfurter Jesuitengymnasium bestritten wurde. Bei Widersetzlichkeiten griff die Herrschaft gnadenlos durch. Noch

Die Stadt Bleiburg gegen Südosten, Kupferstich aus: Matthäus Merian, Topographia provinciarum Austriacarum, Frankfurt a. M. 1649

im 19. Jh. wurden Bleiburger Untertanen bei Abgabenrückständen „abgestiftet“, d. h. sie mußten ihre Höfe verlassen, die der Pfleger gegen entsprechende Gebühren und Leistungen sofort wieder anderen Interessenten weitergab. Erst nach 1848 kam das Ende der bäuerlichen Abhängigkeit, wenngleich sich die Einkommenssituation nicht schnell besserte. Im Jauntal gab es kaum Freisassen (keiner Grundherrschaft untertänige Bauern), weil diese schon seit dem Spätmittelalter von den Herrschaften einverleibt worden waren, aber viele Keuschler, bäuerliche Kleinbetriebe, deren Inhaber zusätzlich ein Gewerbe ausüben mußten oder als Taglöhner über die Runden zu kommen hatten. Selbst die städtischen Bürger hielten, wie etwa in Bleiburg, etwas Vieh und bewirtschafteten Grundstücke vor den Stadttoren, weswegen wir sie als Ackerbürger bezeichnen. Eine lokale Besonderheit war der Weinbau um Sittersdorf und Globasnitz. So gab es eine nur zeitweilig bewohnte Siedlung am Feuersberg bei Globasnitz, in der uns etwa der Safran-Weinkeller (Nr. 78) mit gemauertem Keller und darüber in Blockbauweise errichtetem Wohn- und Schlafraum eine gute Vorstellung von den Arbeitsverhältnissen vergangener Jahrhunderte vermittelt. Mit dem Weinbau war ein besseres Besitzrecht, das Bergrecht, verbunden, das auch nach Umwidmung der Weinrieden infolge einer Klimaverschlechterung seit dem 16. Jh. bestehen blieb; noch heute gilt der **Sittersdorfer** „Rötel“ als Geheimtip unter Kennern des Jauntales. Seit der Zeit Maria Theresias war, bedingt durch vermehrte Staatsaufgaben (Kriege) bei bestmöglicher Schonung der Untertanen, das Bewußtsein einer Wertschöpfung aus Grund und Boden (Physiokratismus) gewachsen. Eine Episode vor rund 200 Jahren mag uns heute erheitern: 1798 reichte der Hofrichter der damals bereits verstaatlichten ehemaligen Jesuitenherrschaft Eberndorf bei der Landesstelle ein Projekt zur Ablassung und Austrocknung des damals gemeinsam von den Herrschaften Eberndorf und Sonnegg genutzten Klopeiner Sees ein, um die Anbau- und Weideflächen zu vergrößern! Es unterblieb nur aufgrund des errechneten hohen technischen Aufwandes.

Eine umso größere Rolle spielten in Zeiten provinzieller Wirtschaftsstrukturen – u. a. bedingt durch Mauten, Zölle, oder schlechte Verkehrswege und fehlende Brücken – die Jahrmärkte, von denen der Bleiburger Wiesenmarkt gemäß erzherzoglichem Privileg seit 1393 der bedeutendste war und Kauf- und Unterhaltungslustige von nah und fern anzog. Die Völkermarkter Brücke, eine Gründung des Landesfürsten, bestand immerhin schon seit dem 13. Jh., die von Stein wurde von den Orsini-Rosenberg gegen 1800 in Auftrag gegeben; ansonsten dominierten die gefahrvollen und witterungsabhängigen Überfuhren wie bei Gallizien (wo erst 1836 die Annabrücke erbaut wurde) oder zu Lippitzbach. Der Güterverkehr, der vom Südbahnbau ab 1863 stark profitiert hatte und zum Aufstieg Kühnsdorfs führte, erlebte durch die beiden Weltkriege schwere Rückschläge: Von 1919 bis 1952 war kaum ein Transit möglich; und erst 1964 erfolgte die Eröffnung der Jauntalbahn, wobei die Jauntalbrücke bei Lippitzbach bei ihrer Errichtung die modernste, größte, höchste und längste Eisenbahnbrücke Europas war. Seit der Staatswerdung Sloweniens 1991 werden die Kontakte zu unserem Nachbarn immer enger.

Trotz einiger Ansätze wie der holzverarbeitenden Firma Leitgeb in Kühnsdorf ab 1883 oder der Papierfabrik in Rechberg seit 1891 ist das Jauntal keine Industrielandschaft geworden. Einzelne Musterbetriebe wie das Filterwerk Knecht in St. Michael ob Bleiburg oder um Völkermarkt sind eher die Ausnahme. Eine nicht zu unterschätzende Rolle spielte hingegen im Südosten des Jauntales der Bergbau. Die Bleierzschurfe auf der Petzen und im Mießtal, die seit dem Spätmittelalter nachgewiesen werden können, dürften für Bleiburg namengebend geworden sein und wurden erst im 20. Jh. eingestellt. Braunkohle wurde in Liescha (Liše) und von 1826 bis in die fünfziger Jahre unseres Jahrhunderts zu Oberloibach gefördert. Der Mießtaler Bergsegen und die deswegen dort im 19. Jh. entstandene Schwerindustrie spielte eine erhebliche Rolle bei den Gebietsforderungen Jugoslawiens nach 1918 und zur Ausklammerung aus dem Abstimmungsgebiet.

Noch um die Wende zum 20. Jahrhundert lebten die Hälfte bis drei Viertel der örtlichen Bevölkerung von der Landwirtschaft. Im Laufe des 20. Jhs. sank dieser Anteil auf unter 10 %, ein Ende der Entwicklung ist trotzdem noch nicht absehbar.

Fremdenverkehr

Als vor rund 170 Jahren im Zeitalter des Biedermeier die ersten Sommerfrischler Kärnten entdeckten, war der Wildensteiner Wasserfall ein beliebter Zielpunkt; Ausgangspunkte dafür waren Stein und Gallizien. Die Eisenbahn von Marburg (Maribor) nach Klagenfurt brachte seit 1863 zunächst noch eine kleine Zahl von Gästen in die Karawanken, wo sie Bergpartien auf den Hochobir und Grintouc unternahmen. Fritz Pichler schreibt 1879 über das Jauntal noch von „vier stillen Seen", welche „die Gegend blinkend beleben". Die ersten Anfänge des Fremdenverkehrs am Klopeiner See entwickelten sich zu Unterburg, das damals noch „Unterpuegrad" hieß, in

Der Wildensteiner Wasserfall, Bleistiftzeichnung von Markus Pernhart M. 19. Jh.

der Nähe des Ostufers. Den Anfang machte die Pension Martin Wertheimstein mit 16 Zimmern, und in ihrer Nähe entstanden weitere Unterkünfte. Schon 1884 wurde der See als „ausgezeichneter Curort für Brust- und Lungenkranke" empfohlen, die während der Sommersaison von einem „Spezialarzt" betreut wurden. Noch zu Kaisers Zeiten entstanden vereinzelte Villenbauten. Die jugoslawische Besetzung und die schlechte Wirtschaftslage Österreichs hemmten die Entwicklung nach 1918. Noch 1927, als die Pension Wertheimstein bereits in ein Erholungsheim für Beamte der Creditanstalt für Handel und Gewerbe in Wien umgewandelt worden war,

pries man die „hübsche ruhige Lage“ des Sees an. Der kometenhafte Aufstieg des Klopeiner Sees begann erst mit den fünfziger Jahren und führte zu einer beträchtlichen Verbauung in Ufernähe. 1981 übernahm die Gemeinde St. Kanzian, in deren Gebiet der Klopeiner und Turnersee liegen, die Führung an Nächtigungen in Kärnten (1988 gab es hier über 1,1 Mio. Sommernächtigungen!). Infrastrukturelle Probleme durch Forcierung des Billigtourismus mit allen unerfreulichen Begleiterscheinungen („Kälberbratentourismus“) und der allgemeine Rückgang an Gästenächtigungen führte in den letzten Jahren zu einer Gesundschrumpfung, die dem Gebiet nicht schlecht getan hat. Nunmehr verzeichnet St. Kanzian rund 865.000 Sommernächtigungen, das ist immerhin rund ein Zwölftel des gesamten Kärntner Sommertourismus.
Eine völlig andersartige Entwicklung nahm der Fremdenverkehr

Die Ostbucht des Klopeiner Sees nach einem Gemälde von M. Wolinz, Ansichtskarte von 1914

am Turnersee. Auf der Suche nach einem geeigneten Platz für ein Sommerlager „entdeckte“ der Wolfsberger Turnverein 1929 den stillen Sablatnigteich für seine Zwecke und erwarb ihn sechs Jahre später von der Familie Orsini-Rosenberg. Vom Turnverein erhielt er seinen jetzigen Namen; ab 1935 wurde hier eine erste Volkskulturwoche abgehalten, im folgenden Jahr eine Volkstanz- und wieder ein Jahr später eine erste Singwoche, die 1952 zur dauernden Einrichtung wurde und dem Turnersee das Image eines Kärntner Volkskulturzentrums gab.
Das Jauntal hat aber auch noch andere Fremdenverkehrseinrichtungen zu bieten, wie etwa das Kurzentrum von Eisenkappel, das gleichsam das Erbe des nahegelegenen traditionsreichen Bad Vel-

lach antrat, oder den Seminarbetrieb der „Sodalitas" in Tainach. Bedeutend sind die Naturdenkmäler, die auch zunehmend besser erschlossen und präsentiert werden, wie die Obir-Tropfsteinhöhlen bei Eisenkappel oder die Griffner Tropfsteinhöhle. Eine nicht zu unterschätzende Rolle, wenngleich eher im Tagestourismus der Umgebung, spielt der Wintersport auf der Petzen. 1959 wurde hier der erste Schlepplift und vier Jahre später der erste Sessellift in Betrieb genommen; erst 1993 erfolgte die Eröffnung der Kabinen-Umlaufbahn. Und schließlich ziehen die immer zahlreicheren Kulturbetriebe und -veranstaltungen Gäste aus nah und fern an: das Werner-Berg-Museum in Bleiburg ebenso wie das Peter-Handke-Institut im Stift Griffen oder die Dokumentation von Abwehrkampf und Volksabstimmung im Völkermarkter Bezirksheimatmuseum. Die Theateraufführungen auf der Heunburg, im Stiftshof von Eberndorf und im Griffner Kreuzgang gehören ebenso zum fixen Repertoire des sommerlichen Kulturlebens wie die vielen Aktivitäten der örtlichen Galerien im Sorgendorfer Sudhaus, in der Galerie Falke in Loibach und im Schloß Wasserhofen. Und dann ist natürlich die malerische Kulisse der historischen Gebäude selbst zu nennen, die im folgenden erwandert werden sollen, von den abgeschiedenen Karawankentälern bis zu den sonnenreichen Hängen der Saualpe bei Diex.

Rund um den Klopeiner See

Gemeinden St. Kanzian, Eberndorf und Sittersdorf

Wir wollen diese Etappe unserer Kulturwanderungen nur wenige hundert Meter nördlich des Sees bei der sehenswerten **Pfarrkirche St. Kanzian** beginnen, die dem ganzen Dorf und darüberhinaus der heutigen Fremdenverkehrsgemeinde den Namen gegeben hat. Das Patrozinium der auf einer Terrasse nördlich des heutigen zumindest im Sommer geschäftigen Ortszentrums gelegenen Kirche spricht für eine frühe Gründung durch die Patriarchen von Aquileja, in deren Amtsbereich das Jauntal bis ins 18. Jh. lag. Bei der Gründung von Eberndorf im Jahre 1106 wurde die Pfarre diesem Kloster dauerhaft inkorporiert.

Vom romanischen Kirchenbau ist nur der mächtige Chorturm, vom spätgotischen Umbau das zarte und kurze Apsispolygon aus der Zeit um 1518 erhalten geblieben. Hinter der klaren basilikalen Westfassade mit einer reizvollen Mischung aus Ornamenten des Klassizismus und des frühen Historismus verbirgt sich eine sorgfältig abgestufte dreischiffige Staffelhalle mit Querschiff aus der Zeit von 1849 bis 1860, den ersten Regierungsjahren Kaiser Franz Josephs, in denen sonst in Kärnten nicht viele Sakralbauten entstanden sind. An der Fassade und innen sind mehrere Pfarrergrabstei-

ne des 18. und 19. Jhs. eingemauert. Die von Lisenenpaaren mit pflanzlichen Kapitellen getragenen Gewölbe mit Gurtbögen wurden Jahrzehnte nach der Erbauung, jedoch noch in der typischen Ornamentik der Gründerzeit ausgemalt, an den seitlichen Schildbögen finden wir noch später gemalte Szenen der Passion Christi vom Ölberg bis zur Auferstehung. Der wandfüllende Hochaltar aus der Bauzeit des Langhauses im bunten und üppigen Neubarock birgt barocke Statuen des Kirchenpatrons Kanzian und seiner legendenhaften Geschwister Kanzianinus und Kanzianilla. Das Südschiff wurde als Taufkapelle adaptiert und besitzt eine vielleicht aus Wasserhofen stammende Fensterscheibe der Renaissance mit der unter dem Kreuz büßenden Maria Magdalena (16. Jh.).
Die angesichts des sommerlichen Fremdenzustroms zu klein gewordene Kirche erhielt 1977/78 einen nüchternen nördlichen Langhauszubau mit einer Lattenverkleidung des Satteldaches, womit das Nordschiff zu einem Verbindungsgang wurde. Der ursprüngliche Seitenaltar zu Ehren der Gottesmutter mit Barockstatuen, darunter der hl. Antonius Eremit („Sautoni“) wurde dabei in der zweiten südlichen Schiffsarkade des alten Langhauses so angeordnet, daß er nunmehr vom neuen Kirchenraum aus gesehen wie ein Hochaltar zur Geltung kommt. Über dem Volksaltar des modernen Zubaues hängt ein bemerkenswerter lebensgroßer Kruzifix der Spätgotik (um 1510/20).
Der Kirche benachbart erhebt sich der **Pfarrhof** in der für Kärnten so typischen Form eines Biedermeierstöckls mit Walmdach. Über seinem Portal ist das marmorne Allianzwappenpaar des Erasmus Windischgrätz und seiner Gemahlin Regina, einer geborenen Dietrichstein, eingemauert, die damals Besitzer der Vogteiherrschaft Stein waren (1612). Nördlich davon wurde 1972/73 eine eher nüchterne moderne Aufbahrungshalle errichtet.

Südöstlich von St. Kanzian ist etwas oberhalb des kleinen Dorfes **Klopein** in Hanglage die dem Pilgerapostel Jakobus geweihte Filialkirche heute zwischen Bäumen fast versteckt. Der kleine spätgotische Bau des 14. Jhs. mit hölzernem Dachreiter und ebensolcher Vorlaube besitzt eine schablonierte und bemalte Flachdecke, wie sie uns im Folgenden noch oft begegnen wird. Die drei Altäre im neubarocken Stil stammen wie die der Mutterpfarre aus dem 19. Jh.; an der Nordwand finden wir ein frühbarockes Gemälde von 1659 mit einer Darstellung der Marienkrönung.

Nur etwa einen Kilometer nordwestlich erhebt sich mitten im Haufendorf **Srejach**, in dessen Nähe sich ein römischer Gutshof befunden haben dürfte, die Filialkirche **St. Pankraz**, ein einheitlicher netzrippengewölbter Bau des 15. Jhs. Von außen erweckt der schlanke und hohe Bau mit Strebepfeilern, Steildach und polygonalem Dachreiter, bei dem Schiff und Chor gleichfluchtig ineinander übergehen, den Eindruck eines unvollendet gebliebenen Altarraumes ohne Langhaus, nur mit kleiner gemauerter Vorlaube. Erwähnenswert sind die Wandmalereien: außen an der Südwand der typische Christophorus, innen an der Südostecke des Langhauses ein hl. Leonhard sowie eine Kreuzigung (sp. 15. Jh.), an der Chornordwand und östlich anschließend ein Jüngstes Gericht und eine Geißelung Christi in der Art der späten lokalen Renaissance (1609).

Wir machen zunächst einen Abstecher zur Drau nach **St. Lorenzen**, wo die bereits 1425 genannte Filialkirche, die dem Dorf den Namen gegeben hat, um die Mitte des 19. Jhs. bei einem Hochwasser völlig weggerissen und erst ziemlich genau ein Jahrhundert später nach dem Typ lokaler Dorfkirchen in sicherer Entfernung vom Fluß wieder errichtet worden ist (1952). Ein wenig östlich davon erhebt sich in sicherer Höhe an der Draulehne weithin sichtbar die nächste Kirche **St. Marxen**, eine St. Kanzianer Filiale, deren Patro-

Die Magdalenenkapelle von Wasserhofen

zinium – der Evangelist Markus – ebenfalls auf die jahrhundertelange Abhängigkeit von Aquileja hinweist. Trotz ernsthafter Versuche in josephinischer Zeit hat es die 1215 erstmals genannte Kirche nie zu Pfarrechten gebracht. Der einheitlich spätgotische Bau des 15. Jhs. mit kräftigem Nordturm, an dessen Nordseite ein Steinkopf eingemauert ist, besitzt ein netzrippengewölbtes Langhaus mit einer über eine Wendeltreppe erreichbaren Westempore. Auffallend ist der blaugefaßte barocke Hochaltar, eine Zusammenstellung verschiedener Teile und Statuen aus dem 17. Jahrhundert.

Einen bemerkenswerten Kontrast zur bedrohlich nahen Kulisse der Kühnsdorfer Industrieanlagen bildet das einsam auf der Terrasse über den Niederungen der Drau errichtete malerische Renaissanceschlößchen **Wasserhofen**. Bis 1529 als Wirtschaftshof des Chorherrenstiftes Eberndorf genutzt, mußte es in diesem Jahr zur Bezahlung der enormen Türkensteuer (Quart) an die Ungnad von Sonnegg verkauft werden. Sie oder die Freiberger gaben dem Edelsitz die heutige Form. Nach mehreren Besitzerwechseln konnte die Jesuitenresidenz Eberndorf – der Rechtsnachfolger des Chorherrenstiftes – den Hof 1661 quasi wieder zurückkaufen. Nach 1809 wurde Wasserhofen den St. Pauler Benediktinern als Gutswirtschaft überlassen, trotzdem kam es zum Verfall. Nachdem es von den Inhabern der benachbarten Fabrik praktisch bereits zum Abbruch bestimmt war, konnte es gleichsam im letzten Moment von der Familie Fritz gerettet werden, dient nun, schrittweise liebevoll reno-

Die Apostel Johannes und Petrus an der Apsis der Filialkirche von Pribelsdorf (2. H. 15. Jh.)

viert, als Galerie sowie Ausstellungs- und Kulturzentrum und ist als gastliches Haus einer immer größer werdenden Zahl von Kulturinteressierten ein Begriff geworden. Aus der Gegend von Wasserhofen stammen – begünstigt durch die Jesuitenherrschaft – bedeutende Gelehrte des Barock, wie der Göttweiger Abt und Gelehrte

Magnus Klein und vermutlich auch der Kirchenhistoriker Markus Hansiz, der Begründer der vielbändigen „Germania Sacra".
Der unregelmäßige Vierflügelbau ist im Laufe des 16. Jhs. offenkundig in Etappen erbaut worden: An die beiden zweigeschoßigen Wohntrakte im Süden und Westen, deren Schnittpunkt von einem Turm verstärkt wird, schließt nördlich ein Wirtschaftstrakt mit Holzaufbauten für Stadel und Speicher und mit hübschen Säulenarkaden im Obergeschoß an, während der Osttrakt mit dem Rundbogentor lediglich als gedeckter Wehrgang ausgeführt wurde. Im Innenhof erkennen wir über dem Portal in den Wohntrakt noch die verblaßten Reste eines Freskos mit den Jesuitenheiligen Ignatius und Franz Xaver beiderseits eines Kruzifixus aus der Zeit um 1700; ihre Köpfe wurden während der Abwehrkämpfe 1919 als Zielscheiben benützt. Im Schloß verdienen die gewölbten und holztramgedeckten herrschaftlichen Wohn- und Wirtschaftsräume Beachtung, besonders aber die gut erhaltene Rauchküche in der Südwestecke.
Vom Moloch der Kühnsdorfer Holz- und Faserplattenindustrie in den letzten Jahrzehnten fast erreicht und mit dieser ein bemerkenswert kontrastierendes und doch berührendes Fotomotiv bildend, verdient die merkwürdige **Magdalenenkapelle von Wasserhofen** Erwähnung, ein eingeschoßiger Rundbau mit schindelgedecktem Kegeldach und Spitzhelm, dessen Flachdecke bemalt und schabloniert ist. Ein Spitzbogen führt in den zweijochigen, rechteckig schließenden Altarraum mit Kreuzgewölbe, dessen Altarbild aus dem Rokoko die büßende Patronin zeigt. Obwohl einen mittelalterlichen Eindruck vermittelnd, scheint die Filiale von St. Kanzian doch erst kurz vor 1580 unter der Besitzerfamilie Freiberger als protestantischer Sakralbau für das nordwestlich benachbarte Schloß errichtet worden zu sein.

In **Kühnsdorf,** das bereits 1864 einen Bahnanschluß zwischen Klagenfurt und Marburg erhielt, hat Valentin Leitgeb (1856 – 1936) bei einem alten Gasthof mit Poststation als Reaktion auf die Krise der Kärntner Eisenindustrie im Jahre 1883 eine Sägewerks- und Holzhandelsfirma begründet, die zwar durch die Folgen der Weltkriege stark litt (1945 wurden die drei Firmenchefs von Partisanen verschleppt und ermordet), aber als Holzfaserplattenfabrik großes Ansehen genoß und in den fünfziger Jahren rund 600 Arbeiter beschäftigte. Der Ort hat nicht nur dadurch sein dörfliches Gepräge völlig abgelegt und an Einwohnern bald auch den heutigen Gemeindehauptort Eberndorf überholt, sondern war seit 1902 Ausgangspunkt einer privaten Schmalspurbahn, die das Zellulosewerk > Rechberg („Obir") ans Bahnnetz anschloß. Der 1971 eingestell-

te „Vike“ (Schmalspurbahn von Kühnsdorf nach Eisenkappel), um den sich viele Anekdoten ranken, bleibt in der Bevölkerung unvergessen. Das Leitgeb-Werk wurde 1993 von der Funder-Industrie-Gesellschaft (mit Sitz in St. Veit an der Glan) übernommen und sieben Jahre später mit dieser völlig fusioniert.
Das **Stammhaus** des Firmengründers an der Hauptstraße nach Eberndorf, ein Stöcklbau zwischen Biedermeier und Historismus (3. V. 19. Jh.), bewohnt jetzt ein Fliesenfabrikant, daneben wurde das typische **Verwaltungsgebäude** der Gründerzeit renoviert und für Wohn- und Dienstleistungszwecke adaptiert. Der neue Besitzer hat im südlich anschließenden Park nahe der Durchzugstraße eine **Kapelle** als Zentralbau in bewußt modernen Formen errichten lassen.
Die alte **Ägidiuskirche** südlich des Bahnhofes, ein im Kern romanischer, später gotisierter Bau mit Chorpolygon ist erst 1968 zur selbständigen Pfarre erhoben worden, aus welcher Zeit auch der **Pfarrhof** stammt. Das flachgedeckte Langhaus wurde 1948 verlängert und besitzt eine jener für die Gegend typischen schablonierten Holzdecken, allerdings nur gotisierend, weil erst 1976 entstanden; der Hochaltar stammt aus der Zeit kurz vor oder um 1700. Schließlich ist im sog. „Freizeitpark“ von Kühnsdorf noch der **Lobisser-Bildstock** aus dem Jahr 1937 zu nennen.

Östlich von Kühnsdorf lohnt die bemerkenswerte Filialkirche zum hl. Nikolaus in **Pribelsdorf** einen Besuch. Offensichtlich eigenkirchlichen Ursprungs, gehörte sie zur Gründungsausstattung des Klosters Eberndorf und wird daher schon 1106 genannt. An den mächtigen Südturm mit Spitzhelm und frühgotischen Biforen (um 1300?) ist der langgestreckte Kirchenbau angefügt, der mehrere Bauphasen widerspiegelt. Bei der sorgfältigen Renovierung der letzten Jahre wurden Friese an den Ecken und der Hohlkehle des Daches angebracht. Das Kircheninnere ist dreigeteilt: an das flachgedeckte romanische Langhaus mit südlichen Spitzbogenfenstern schließt ein eingezogener Chor mit westlichem Kreuz- und anschließendem Tonnengewölbe an, das mit nazarenerhaften Fresken des späten 19. Jhs. geschmückt ist (Verkündigung, Josef, Christophorus und der Kirchenpatron Nikolaus). In der Apsisrundung wurde aber eine Freskenreihe von Aposteln aus der zweiten Hälfte des 15. Jhs. von vorzüglicher Qualität freigelegt, von denen sechs erhalten sind, die übrigen aber durch den Ausbruch von Fenstern Schäden erlitten haben oder zerstört wurden. Erwähnung verdient der kuriose Mauerbau der Westempore aus dem 16. Jh.
Der Hochaltar mit Opfergangsportalen aus der Mitte des 17. Jhs. wurde lt. Inschrift 1758/59 verändert: Der Kirchenpatron ist mit

Eberndorf, Vorhallengewölbe der Stiftskirche

Porträtmedaillons von Jesuitenheiligen und Ganzfiguren der Apostelfürsten umrahmt. Von den zwei frühbarocken Seitenaltären zeigt der linke die hl. Apollonia, der etwas jüngere rechte u.a. den hl. Leonhard. Schließlich ist ein Votivbild mit dem Wetterheiligen Donatus von 1718 zu erwähnen, das von Skuk 1894 neu gemalt wurde.

Nordöstlich von Pribelsdorf wollen wir des Dorfes **Pirk** gedenken, das im Zuge der Errichtung des Kraftwerkes **Edling** der Österreichischen Draukraftwerke 1959 – 1962 aufgegeben und einschließlich der 1276 erstmals urkundlich genannten, im Mauerbestand romanisch-gotischen Filialkirche **St. Urban** überflutet wurde. Die rund 70 Bewohner wurden großteils in der Umgebung neu angesiedelt.

An der erst 1869 zur Pfarre erhobenen **Kirche** zum hl. Veit im benachbarten **Edling** scheint der Chorsüdturm, der im Typ dem von Pribelsdorf ähnelt, der einzige Überrest aus dem Mittelalter zu sein. Das Langhaus ist 1964/65 neu errichtet worden und trägt seitdem sowohl die barocke Holzkassettendecke der dem Stausee zum Opfer gefallenen Pirker Kirche mit 20 pflanzlichen Ornamentfeldern wie auch die dortige Emporenbrüstung mit aufgemalten Blumenvasen, zwei Heiligengestalten und den Namen zweier Zechpröpste (Niclas Stofanz und Lipe Augustin), Werke eines einfachen, aber farbenfreudigen Volksbarocks aus dem Jahr 1693. Ein stark eingezogener Triumphbogen führt in das im Barock und im 19. Jh. veränderte Chorjoch, dessen Hochaltar wie die beiden Seitenaltäre um 1700 entstanden ist.

Im Dorf **Mittlern** liegt abgelegen von der Hauptstraße nach Bleiburg die einfache Filialkirche zum Apostel **Thomas**. Das flachgedeckte Langhaus mit westlichem Dachreiter, das gewölbte Chorpolygon

Ehemalige Stiftskirche Mariä Himmelfahrt in Eberndorf, Westportal

und der hochbarocke Altar (aus Pirk) sind typische Beispiele der Jauntaler Sakralkunst. Schließlich erhebt sich schon etwas unterhalb der Staumauer und Brücke von Edling über der Drau auf einem Hügel am Rand des kleinen Dorfes **Humtschach** die Filialkirche **St. Ulrich**, ein romanischer Saalraum mit barockisierter Apsis. Zu erwähnen sind die zweigeschoßige Sakristei an der Südseite mit spätmittelalterlichen Schießscharten und eine gemauerte Außen-

kanzel. Das Langhaus trägt eine 1973 erneuerte hölzerne Flachdecke, die Apsis mit einem Sterngratgewölbe des 17. Jhs. birgt den hochbarocken Altar um 1700 (die Jahreszahl 1694 am Triumphbogen könnte sich auf seine Errichtung beziehen).
Auf dem Weg nach Eberndorf passieren wir **Gablern** mit seiner kleinen, mitten im Dorf gelegenen Filialkirche zu Ehren der **Hll. Johannes und Paulus**. Der einfache, im Kern wohl romanische Bau mit quadratischem Chorschluß und westlichem Dachreiter mußte nach einer Überschwemmung 1979 renoviert werden. Bei dieser Gelegenheit ist der barocke Hochaltar des 17. Jhs. wiederaufgestellt worden. Im Altarraum finden wir Freskenreste aus dem 14. Jh.; die hölzerne Flachdecke mit Ornamentfeldern und dem zentralen Thema der Verkündigung ist wenige Jahre älter als die von Pirk/Edling (1688).

Lediglich gegen Norden und Nordosten durch den isoliert aufragenden Höhenrücken des Kolm abgeschirmt, sind die markanten Stiftsgebäude von **Eberndorf** aus den übrigen Richtungen schon von weitem zu erkennen. Das Stift war jahrhundertelang kirchliches und kulturelles Zentrum des mittleren Jauntales. Ein Friauler Graf namens Chazelin (volksetymologisch später auch als Achatius umgedeutet), der bereits das Kloster Moggio im Kanaltal gestiftet hatte, vermachte auch seinen Jauntaler Besitz zur Stiftung eines Klosters den Patriarchen von Aquileja. Patriarch Udalrich ließ im Jahre 1106 seinen Leichnam von „Goztelich“ (Gösseling oder Gösselsdorf?) nach Eberndorf überführen und hier eine größere Kirche erbauen, die er mit Chazelins Gütern ausstattete. Unter Patriarch Peregrin (1132 – 1161) kam es zunächst zur Gründung eines Kollegiatstiftes, das 1154 unter die Augustinerregel gestellt wurde. Die Chorherren besorgten vornehmlich seelsorgliche Aufgaben und förderten den Kirchenbau der Umgebung, während die Pröpste seit dem Spätmittelalter als Archidiakone Aquilejas zunehmend auch geistliche Aufsichtsfunktionen über das Jauntal ausübten. Das Chorherrenstift wurde nach den Türkenverheerungen sowie einem Brand im Jahre 1483 durch Propst Leonhard von Keutschach, der später zu einem der bedeutendsten Salzburger Erzbischöfe aufstieg, wiederhergestellt. Anläßlich der Gegenreformation wurde es von Erzherzog Ferdinand II. aufgehoben, weil er die Güter zur Ausstattung des Klagenfurter Jesuitenkollegs benötigte. Die Erträge der Stiftsherrschaft, d.h. die Abgaben und Leistungen der Untertanen, finanzierten damit auch das Klagenfurter Gymnasium. Nach der Aufhebung des Jesuitenordens 1773 war Eberndorf für rund eine Generation Staatsgüterherrschaft, wurde aber schon 1809 den St. Pauler Benediktinern übergeben, die ebenfalls für ihre schuli-

schen Aufgaben eine Existenzgrundlage benötigten. Heute ist der geschäftige Ort, obwohl seit dem späten 19. Jh. wirtschaftlich und in unserem Jahrhundert auch bevölkerungsmäßig hinter Kühnsdorf zurückgeblieben, das eigentliche Verwaltungs- und Dienstleistungszentrum einer (seit 1952) Marktgemeinde.
Das von den Jesuiten eingeführte Stiftswappen, das Einhorn, ein beliebtes Symbol der Jungfräulichkeit Mariä und Menschwerdung Christi, ist von der Gemeinde übernommen worden und ziert als moderne Metallinstallation von Thomas Hoke seit 1999 auch eine der gegenwärtig so beliebten Kreisverkehranlagen auf dem Weg ins Marktzentrum.
Das Ortsbild wird noch immer wesentlich durch die **Stiftsbauten** bestimmt, die – nunmehr vorbildlich renoviert – als mächtiger Block und nur durch den Rundturm an der Nordwestecke aufgelockert den Ort beherrschen. Wir wählen den Zugang vom Süden entlang einer zinnenbekrönten Wehrmauer und durch den mächtigen, im Kern spätmittelalterlichen Torturm mit Schlüsselscharten im Erdgeschoß und manieristischem Rustikaportal. Die darüber angebrachte Inschrifttafel von 1634 zeigt das IHS-Monogramm der Jesuiten, gedenkt aber auch der beiden Habsburger Kaiser Ferdinand II. und III., welche diesen Orden förderten. Daran schließt rechts ein im Kern spätmittelalterlich-frühneuzeitlicher Wirtschafts- und Verwaltungstrakt an, der heute u.a. gastronomisch genutzt wird. Wir stehen nun vor der erstaunlich nüchternen Kirchenfassade, über deren Portal ein spätmittelalterlicher Wappenstein von 1522 angebracht ist, über welchem in einer Nische eine monumentale Madonna des Frühbarock thront, und genießen gegenüberliegend den Ausblick über den Ort und das Jauntal. Der wuchtige **Glockenturm** der Stiftskirche – im Gegensatz zu den sonst üblichen Westturmpaaren der Benediktiner und Chorherren in Kärnten und der Steiermark – erhebt sich freistehend südlich der basilikal dem Kirchenschiff angefügten Ungnadkapelle. Er ist ein echter, im Gegensatz zu seinen oberitalienischen Vorbildern vielleicht etwas derb geratener Campanile des 15. Jhs. (?) und damit ein Herrschaftssymbol, denn das Stift unterstand ebenfalls dem Patriarchen von Aquileja!
So bescheiden die **Stiftskirche** von außen wirkt – wobei man einen Blick auf den gotischen Chor nicht versäumen sollte –, so beeindruckend ist ihr **Inneres**: Von der romanischen Kirche des 12. Jhs. ist zwar nichts mehr vorhanden: Chor und Krypta sind unter Propst Ulrich Christendorfer 1391 geweiht worden und verkörpern für das Jauntal Höhepunkt und Ende der Hochgotik. Erst mehr als ein Jahrhundert später ist das Langhaus mit der Westempore in die heutige Form gebracht worden (eine Inschrift von 1506 am Gewöl-

Die Krypta der Stiftskirche von Eberndorf (geweiht 1391)

be erinnert an den vermutlichen Bauherrn Propst Valentin Fabri aus Gonowetz, Archidiakon des Jaun- und Sanntales, während der Wappenstein über dem Hauptportal von 1522 vielleicht das Ende des Umbaues markiert). Der fünfjochige Saalraum besitzt statt Seitenschiffen eingezogene Wandpfeiler, die flache Wandnischen für Altäre freilassen und über denen sich Emporen befinden. Beachtlich sind die Vielfalt des Blendmaßwerks in den Emporenbrüstungen sowie die kunstvollen Schlingrippen und Bündelpfeiler in der dreischiffigen und zweijochigen Westempore. Es dürfte ein süddeutscher Baumeister gewesen sein, der diesen eindrucksvollen Sakralraum in der letzten Phase der Spätgotik mit üppigen schwingenden Formen („Barockgotik") geschaffen hat.

Über eine breite Treppe steigen wir zum zweijochigen **Presbyterium** mit seinen viel zurückhaltenderen Kreuzrippengewölben auf Runddiensten empor. Darunter befindet sich die über zwei symmetrische steile Treppen erreichbare **Krypta** des späten 14. Jhs., eine beachtliche dreischiffige und neunjochige Raumschöpfung in romanischer Tradition, die aber in Kärnten mehrere bedeutende gotische „Nachzügler"erfahren hat (Maria Wörth, Heiligenblut) und wohl eine intensivere Stifterverehrung zum Ziel hatte.

Der spätbarocke Hochaltar (um 1760) nimmt die volle Höhe und Breite des Chores ein und birgt in seiner Mitte als Gnadenbild eine Muttergottesstatue um 1480 (ev. nach dem Brand aufgestellt), von Monumentalplastiken der Apostelfürsten und der Hll. Barbara und

Katharina flankiert. Am ersten Seitenaltar links (dem „Stifteraltar") sehen wir auf einem Ölbild der ersten Hälfte des 17. Jhs. die frei erfundenen Porträts des Stifterpaares „Achatius" und „Kunigunde"mit einer bemerkenswerten Vogelschau der vorbarocken Stiftsanlage mit mittelalterlichem Kreuzgang und vielen baugeschichtlich interessanten Details wie einer Friedhofskapelle. Auch ein großformatiges Votivbild aus dem Jahr 1601 mit dem letzten Propst Sebastian Kobel und seinen Chorherren, vor einem Kruzifixus kniend und unter einer „Sacra Conversazione" aufgereiht, verdient Beachtung. Weiters finden wir einen Triumphbogenkruzifixus um 1500 sowie andere gotische Bildwerke wie einen hl. Florian und eine Anna-Selbdritt-Gruppe, ein frühbarockes Leinwandbild des Gründers der „Gesellschaft Christi", Ignatius von Loyola sowie einen Franz-Xaver-Altar mit anbetenden Negerstatuetten. Die Kanzel mit Evangelistenfiguren stammt aus dem Rokoko, noch jünger (fr. 19. Jh.) sind schon klassizistisch beeinflußte Statuen der Apostelfürsten.
Die Eberndorfer Stiftskirche zu Ehren Mariä Himmelfahrt birgt auch vorzügliche und interessante Fresken, vor allem die Marienkrönung zwischen den Hll. Barbara und Margarete an der Chornordwand, eine vorzügliche Arbeit des weichen Stils um 1430; gegenüber ist ein Fragment vom Tod des Apostels Thomas erhalten geblieben. Kulturgeschichtlich besonders bemerkenswert sind in den Gewölbefeldern über dem Hochaltar die vier Szenen einer angeblichen jüdischen Hostienschändung vom sog. „Meister von Einersdorf" aus dem ersten Viertel des 15. Jhs. Von links nach rechts sehen wir den Wurf der Hostien ins Feuer, ihre Schändung durch Messer, weiters einen Esel, der die Hostie erkennt und niederkniet, während dahinter Antonius v. Padua predigt, sowie die Bergung der geretteten Hostie durch besagten Antonius. Am Triumphbogen ist eine Gedenkinschrift für den letzten Propst Sebastian Kobel von 1600 angebracht (das Ende lautet übersetzt: „...er tat was er konnte").
Anstatt eines südlichen Seitenschiffes ist im 15. Jh. die viereinhalb Joch lange **Ungnad-Kapelle,** seit 1442 als Grablege der mächtigen Ritterfamilie der Ungnad von Weißenwolf, Inhaber u.a. der Herrschaft Sonnegg in Verwendung, erbaut worden. In ihrer Mitte blieb das für Kärnten seltene Beispiel einer mittelalterlichen Tumba (Hochgrab) aus Rotmarmor mit der repräsentativen Liegefigur des gerüsteten Christoph Ungnad (+ 1490) erhalten. Weitere bemerkenswerte figürliche Grabsteine in der Kapelle sind der Barbara Welzer geb. Lochner (+ 1533) und dem Propst Andreas Lochner (bez. 1540, mit vorzüglichem Porträt) gewidmet, ein Wappengrabstein erinnert an Jörg Ungnad (+ 1468).

Der Eberndorfer **Stiftshof** ist einer der eindrucksvollsten Repräsentativbauten des strengen Frühbarock in Kärnten. Er ist in Abschnitten seit dem zweiten Drittel des 17. Jhs. bis gegen die Jahrhundertwende hin wohl unter Mitwirkung der berühmten steirischen, aus dem Tessin stammenden Carlone-Werkstatt entstanden. Den mittelalterlich und frühneuzeitlich gewachsenen Zustand der Klosteranlage zeigt uns detailreich die Vogelschau am Stifteraltar in der Kirche; heute präsentiert sich uns der Stiftshof als scheinbar einheitlicher Vierflügelbau von beachtlichen Ausmaßen mit über alle drei Geschoße einheitlich durchlaufenden Arkadengängen (11 bis 13 Achsen pro Trakt). Nur die jeweilige, wenngleich nicht konsequent ausgemessene Mittelachse wird durch Kompositpilaster betont. Die wechselnde Geschichte hat mehr als einmal die Funktion und damit die Erhaltung der Stiftsgebäude in Frage gestellt: Ein Tiefpunkt war die Zeit der Staatsgüterverwaltung zwischen 1773 und 1809, doch auch für die St. Pauler Benediktiner ist die bauliche Anlage vor allem eine Last gewesen. Von 1849 bis zur Auflassung im Jahre 1978 war hier das Bezirksgericht untergebracht; auch ein Notar siedelte sich an. Bis 1970 befanden sich auch Volks- und Hauptschule der Gemeinde im Stift. 1988 pachtete die Marktgemeinde die Stiftsgebäude für 40 Jahre um einen symbolischen Preis und begann ein mutiges und erfolgreiches Sanierungsprogramm. Zunächst zogen die Bücherei und die Feuerwehr ein, 1993 der Gemeindekindergarten in den Südostflügel, 1995 das gesamte Gemeindeamt. Auch eine **Galerie** mit wechselndem Ausstellungsprogramm wurde in den Räumlichkeiten untergebracht, und 1999 konnte die neue Gemeindebücherei im Nordosttrakt eröffnet werden. Mittlerweile ist die Sanierung des Ostflügels als letzter Bauabschnitt im Gange.

In den **Stiftsgebäuden** gibt es viel zu entdecken: Die ältesten Spuren finden wir im südöstlichen Trakt nahe dem Chor der Kirche, nämlich Reste des zweischiffigen Kapitelsaales mit Achteckpfeilern auf Sockeln sowie Tür- und Fenstergewände des 14. Jhs. Der neben der Kirche wichtigste Raum der klösterlichen Gemeinschaft gehört heute zum Kindergarten. Gegenwärtig noch in Sanierung begriffen ist der ehemalige Pferdestall in der Nordostecke anschließend an den Stiftshof, eine dreischiffige und sechsjochige Halle auf Polygonalpfeilern in Tuffstein aus der ersten Hälfte des 16. Jhs. am Übergang vom Spätmittelalter in die frühe Neuzeit. Die meisten Spuren haben jedoch die Jesuiten hinterlassen: Im Gegensatz zur Nüchternheit der Fassaden des 17. Jhs. entfaltet sich in vielen Innenräumen der festlich-repräsentative Charakter des Spätbarock. Das heute als Trauungssaal verwendete Refektorium

(der Speisesaal des Klosters) im Erdgeschoß des Westtraktes ist von einer dreijochigen Stichkappentonne mit reichem Bandlwerkstuck, Engelsköpfen und Blattgirlanden überwölbt. Die Bildfelder an den Schmalseiten sind heute leider leer, und in der Südostecke wurden an einer Stelle nicht weniger als 16 Farbschichten übereinander für die Nachwelt konserviert. Gleich daneben befindet sich die alte Stiftsküche mit einem bemerkenswerten frühen Sparherd (1887 aus Wolfsberg angeschafft) und einem Waschkessel aus der Zeit der St. Pauler Benediktiner. Im Stockwerk darüber ist in der repräsentativsten Raumflucht mit Stuckdecken heute das Gemeindeamt untergebracht. In den ehemaligen Räumlichkeiten des Stiftspropstes residiert heute der Bürgermeister; an der Decke seiner Amtsstube finden wir Bandlwerkstuck um 1730, das Einhornwappen und ein Jesuitenmonogramm; während in der Ecke ein spätbarocker Kachelofen steht. Im Nordtrakt sind der Gemeinderat-Sitzungssaal und die Bücherei in modernisierten Räumen untergebracht. Schließlich muß noch die „Saure-Suppenstiege" an der Südwestecke des Stiftshofes vom Ort herauf erwähnt werden, die an frühere Ausspeisungen der Gemeinde erinnert.
Die Nordostecke des weitläufigen **Stiftshofes** dient in den Sommermonaten seit mehr als zwei Jahrzehnten als wirkungsvolle Kulisse für die **Südkärntner Sommerspiele**, bei denen vor allem antike Komödien dargeboten werden. Die Mitte des Hofes erhält gerade eine neue architektonische Gestaltung samt Brunnen.

Ein lohnendes Ziel ist östlich des Stiftsgeländes in erhöhter Lage am Holm die **Friedhofskirche zu Unserer Lieben Frau**. Gemäß der Inschrift an der südöstlichen äußeren Chorschräge zwischen den schlanken Strebepfeilern ist der heutige, wahrscheinlich als Wallfahrtskirche gedachte Bau erst 1538 und damit auffallend spät noch ganz im Stile der Spätgotik fertiggestellt worden; der Turm hingegen ist erst 1707 neuerbaut oder verändert worden. Beim Eingang finden wir den Grabstein des St. Pauler Paters, Archivars und Eberndorfer Ehrenbürgers Beda Schroll, der hier lange als Wirtschafter lebte und Verfasser zahlreicher Werke zur Kärntner Kirchengeschichte war. An den Türflügeln ist ein barockes Stiftswappen von 1667 mit dem Einhorn angebracht. Das Schlingrippengewölbe auf schlanken Runddiensten widerspiegelt das verspielte Ende der Gotik (Barockgotik). Erwähnung verdient die vorzügliche Einrichtung, so etwa der Hochaltar von 1780 (einige Jahre nach Aufhebung der Jesuiten!) mit bemerkenswerten Statuen des Apostels Andreas und des hl. Johannes Nepomuk, während die zentrale Madonnenstatue aus dem 19. Jh. stammt. Neben den beiden Wandaltären, der linke zu Ehren des Erzengels Michael von 1668, der rechte mit

Der Stiftshof von Eberndorf gegen Nordwesten

Judas Thaddäus, und dem Spätrenaissance-Gemälde der Heiligen Familie von 1615 ist vor allem auf das an der Chorsüdwand angebrachte Votivbild hinzuweisen, das der aus Eberndorf stammende Klagenfurter Hauptstadtpfarrer Jakob Rohrmeister 1694 für Vater und Brüder gestiftet hat und eine Kreuzigung mit Jüngstem Gericht zum Inhalt hat. Auch finden wir Konsolfi-guren mit den charakteristisch streng dargestellten Jesuitenheiligen, eine Kanzel um 1680 und ein Leinwandbild mit der Pietà aus dem 17. Jh.

Der südlich an die Kirche anschließende, hübsch und leicht ansteigend gelegene **Friedhof** besitzt eine malerische **Barockkapelle** zu Ehren der hl. Anna, eine Stiftung der Hofrichtersgattin Anna (von) Raditschnig aus dem frühen 18. Jh. Die Vorlaube trägt das Datum 1709, daran schließt ein kreuzgratgewölbter kleiner Raum mit einem Altar der Heiligen Familie und einer Liegefigur der Pestpatronin Rosalia an (M. 18. Jh.). In der Südostecke des Friedhofes befindet sich die Gruft der Kühnsdorfer Industriellenfamilie Leitgeb.

Auf einem südlich dem Friedhof benachbarten kleinen Hügel erhebt sich die wohlerhaltene romanische Filialkirche zum **Heiligen Geist**, ein Saalraum mit Rundapsis und östlichem Dachreiter, der im Kern noch aus dem 12. oder 13. Jh. stammt. Seine ursprüngliche Funktion ist unklar, seit dem 17. Jh. wird er als Kalvarienbergkapelle verwendet. Vom Markt führen monumentale, gemauerte Nischenbildstöcke als **Kreuzwegstationen** herauf. Sie sind im Laufe der Jahrhunderte erneuert, vor allem aber immer wieder neu

Pfeilerbildstock bez. 1891 und renoviert 1984 beim vulgo Zapotnik am Gösselsdorfer See

mit Malereien versehen worden, zuletzt vor kurzem vom Globasnitzer „Schloßherrn“ Johann Elbe. Die Kapelle besitzt im Langhaus eine der regional beliebten teils bemalten, teils schablonierten flachen Holzdecken des späten 17. Jhs. Der Hochaltar ist heute eine bühnenartige Verkleidung aus der Zeit des Hochbarock mit Schnitzwerken des Pfingstfestes, einem Kruzifix, dem Heiligen Grab und der Schmerzhaften Maria. Hinter der Verkleidung wur-

den 1999 frühbarocke Wandmalereien (eine von den Erzengeln Michael und Gabriel flankierte Säulen- und Nischenarchitektur) freigelegt.
An Profanbauten ist in Eberndorf vor allem die **„Propstei“** an der Bleiburger Straße (Nr. 11) zu nennen, ein heute unscheinbarer hakenförmiger und zweigeschoßiger Bau mit einzelnen Hofarkaden; über dem Portal ist ein Wappenstein des letzten Propstes des Chorherrenstiftes, Sebastian Kobel um 1600 angebracht. Im Garten steht der etwas verwahrloste quadratische **Sommerpavillon** mit Mansardwalmdach und Spiegeldecke aus der Zeit um 1740/50. Weiter in Richtung Friedhof finden wir das **„Rohrmeisterhaus“**, einen zweigeschoßigen Bau des 17. Jhs. auf möglicherweise älteren Resten mit auffälligen Ziegelgitterfenstern.

Zum Wesen eines Chorherrenstiftes gehört die Seelsorge, und so entstand um Eberndorf ein dichter Kranz von Filialkirchen, von denen einige (z.T. auch von inkorporierten Pfarren wie St. Kanzian) schon weiter oben beschrieben wurden. Südlich von Eberndorf steht im Straßendorf **Köcking**, das schon zur Gründungsausstattung des Stiftes Eberndorf gehörte, auf einer kleinen Erhebung nahe der Straße die kleine Filialkirche zu Ehren der Heiligen **Hermagoras** und **Fortunatus** – typische Heilige aus Aquileja, die in Kärnten südlich der Drau häufig verehrt werden. Die nur mit einem Dachreiter gezierte Kirche besitzt ein flachgedecktes Langhaus, von dem ein spitzbogiger Triumphbogen in den kreuzrippengewölbten gotischen Polygonalchor führt; die drei Altäre des späten 18. Jhs weisen bereits klassizistische Stilmerkmale auf.
Etwas westlich davon erhebt sich an einer Geländestufe das bereits um die Jahrtausendwende urkundlich genannte **Gösselsdorf** mit seiner gleichfalls Eberndorfer Filialkirche (St. Anton und) **St. Lambert**. Aus der Zeit der ersten urkundlichen Nennung (1154) stammen noch die unteren romanischen Lagen vom Mauerwerk des Langhauses; zur Zeit der Spätgotik wurde die Kirche stark umgebaut und erhielt auch den vorgestellten Westturm. Ein spitzbogiger Triumphbogen führt vom dreijochigen Langhaus ins kurze netzrippengewölbte Chorpolygon des frühen 15. Jhs. Hier erinnern Wandbilder eines Schmerzensmannes und einer Mater dolorosa an eine Votivstiftung von 1673. Der barocke Hochaltar von 1720 wurde im späten 19. Jh. verändert; die zwei Seitenaltäre stammen aus dem Ende des Barock.
Westlich von Eberndorf liegt, von den Touristenströmen trotz des nahen Klopeiner Sees verschont, das Dorf **Mökriach**, das im Hochmittelalter zeitweilig zum Hochstift Brixen gehörte und in seiner Mitte, von Wiesen und Bäumen umgeben, die 1454 erstmals genann-

te **Filialkirche St. Martin** birgt. Der mittelalterliche Bau mit sechseckigem Dachreiter besitzt eine interessante Vorlaube mit Resten einer spätgotischen und barocken schablonierten Flachdecke (E. 17. Jh.), in welcher auch der hübsche ehemalige Hochaltar von 1679 mit einer Darstellung des Kirchenpatrons steht. Auch das Langhaus besitzt eine schablonierte Kassettendecke mit Heiligenfiguren und Ornamenten von 1693; über dem niedrigen rundbogigen Triumphbogen ist ein Dreifaltigkeitsfresko angebracht. Im Chorpolygon mit Gewölbemalereien aus dem Jahr der Aufhebung der Jesuiten (1773) steht ein spätbarocker, im 19. Jh. veränderter Hochaltar, dessen Antependium eine volkstümlich-barocke Floriansdarstellung zeigt; die dem Barock nachempfundenen Seitenaltäre aus dem späten 19. Jh. tragen ältere Statuen, darunter auch die typischen Jesuitenheiligen Ignatius, Franz Xaver und Aloysius.

Unweit von Eberndorf steht am Ostrand des Dorfes **Buchbrunn** die Filialkirche zu den Apostelfürsten **Peter** und **Paul**. Im 14. Jh. in nachromanischen Formen erbaut, besitzt sie ein flachgedecktes Langhaus, ein Chorquadrat mit Kreuzrippenwölbung und einen nördlich angebauten mächtigen Sakristeiturm. Die neue Vorhalle, mit der Kirche unter einem gemeinsamen Dach, birgt einen einfachen Flügelaltar der Nachgotik aus dem 16. Jh. ohne Figur. Sowohl Hochaltar wie Seitenaltäre stammen aus dem späten 18. Jh., wobei ersterer leider durch Diebstähle dezimiert wurde.
Wir sind nun wieder am **Klopeiner See** angelangt. An seiner Südseite erhebt sich ein waldreicher, abschnittweise recht steiler Bergrücken. Sein isolierter östlichster Gipfel trägt weithin sichtbar die Filialkirche **St. Georg**, die um 1060/70 als Brixner Besitz genannt wird, aber schon im 12. Jh. zum Stift Eberndorf kam. Der kleine, im Kern der Langhausmauern noch romanische Bau erhielt in der Spätgotik ein Chorpolygon mit Netzrippengewölbe. Nach einem Brand im Jahre 1643 wurde das Langhaus mit einem Kreuzgratgewölbe und nördlichen Strebepfeilern versehen. Die Südseite ziert ein kräftiger Turm mit Spitzpyramidendach, der im Untergeschoß die Sakristei birgt und dem gegen Süden eine Kapelle mit einer Wunschglocke vorgebaut ist. Im Inneren sind Wandmalereien mit Darstellungen der Apostel vom Ende der Spätgotik erhalten geblieben. Die Einrichtung, darunter ein Ölbild des geprüften Hiob und drei volkstümliche Leinwandantependien, ist bis auf den rechten (nachbarocken) Seitenaltar von 1852 durchgehend barock. In der Südkapelle ist der hochbarocke Flügelaltar von 1720 mit den Malereien des Kirchenpatrons sowie Hiob, Rochus und Alexius zu erwähnen. Auf der schmalen Felsklippe des Georgiberges konnten zwar im Gegensatz zur westlich anschließenden Gracarca keine prähisto-

Rückersdorf, Filialkirche St. Ulrich und Andreas gegen Nordosten

rischen Siedlungsspuren nachgewiesen werden, doch stand hier im 13. Jh. eine kleine **Burg**, die Herzog Ulrich 1268, kurz vor seinem Tod, als Wiedergutmachung dem Salzburger Erzbischof übergab, als dessen Lehen sie noch eine kurze Zeit nachgewiesen werden kann. Heute sind nur noch Wallreste hauptsächlich gegen die Einsattlung im Westen nachweisbar, die nach neueren Erkenntnissen jedoch erst anläßlich der Errichtung von Palisaden für die Türkenabwehr im späten 15. oder frühen 16. Jh. entstanden sind.

Im Namen des westlich anschließenden langgestreckten Höhenrücken der **Gracarca** steckt schon die Erinnerung an eine Burg. Ausgrabungen der letzten Jahre haben gezeigt, daß hier schon vor 4.000 Jahren zur Bronzezeit eine mit Erdwällen befestigte Siedlung bestand. Zur Hallstattzeit (vor rd. 2.500 Jahren) gab es ein kompliziertes System von Terrassen und Befestigungen, das im Zuge der Pax Romana nach der Zeitenwende verlassen wurde. Erst im Frühmittelalter gibt es mit dem Grab eines awarischen Kriegers am Südabhang der Gracarca wieder archäologische Spuren. Wiewohl im Gelände nicht mehr viel zu erkennen ist, informieren an verschiedenen Stellen Hinweistafeln mit Rekonstruktionen und erläuternden Texten über das hiesige Leben in prähistorischer Zeit. Die Funde können im „Keltenmuseum Gracarca“ in Oberburg besichtigt werden. Gute Ausblicke auf das Jauntal und seine Seen lohnen ebenfalls den Anstieg, auch wenn der Dreiseenblick derzeit zugewachsen ist.

Am Südabhang liegt in Waldeinsamkeit, von einem schattigen

Stimmiges Motiv vor der Kirchenfassade von St. Veit im Jauntal

Friedhof umgeben, die Filialkirche **St. Daniel**, deren Patrozinium die alte Abhängigkeit von Aquileja zum Ausdruck bringt und bei der wir bereits alte Begräbnisrechte nachweisen können. Sie wurde um die Mitte des 11. Jhs. dem Hochstift Brixen geschenkt und war später als Filiale von Stein dem Stift Eberndorf zugehörig, heute der Pfarre St. Veit. Der nunmehr spätgotische Bau des frühen 16. Jhs. weist vielleicht noch romanische Grundmauern auf und besitzt die typische Vorlaube sowie einen sechseckigen Dachreiter. Über dem Westportal ist ein kleines Schmerzensmannrelief von 1513 angebracht, das vielleicht den Bauabschluß markiert. Das Langhaus besitzt ein Sternrippengewölbe mit geschmückten Schlußsteinen, während das Netzrippengewölbe des Chores auf Diensten aufruht. Die neugotische Ausstattung stammt erst aus der Zeit kurz vor 1900. Am Fuße des Kirchhügels liegt das ebenfalls bereits im 11. Jh. als „villa Gabrielis" genannte Grabelsdorf.

Wir umgehen nunmehr den Klopeiner See im Süden, fahren am Turnersee vorbei und erreichen auf dem Weg zur Vellach die bescheiden auf einem flachen Hügel stehende alte Pfarrkirche **St. Primus**. Der kleine gotische Bau mit altertümlichem flachgedecktem Langhaus und Chorpolygon erhielt erst 1948 den heutigen, südlich angebauten Sakristeiturm; die Ausstattung stammt aus dem Hoch- und Spätbarock. Weil sie den seelsorglichen Erfordernissen nicht mehr genügte, wurde ein Neubau betrieben. Die südlich von St. Primus in **Nageltschach** 1975 bis 1977 errichtete Kirche ist jedoch ein klobiger Betonbau mit polygonalen Ausbuchtungen und einem sehr häßlichen nordseitigen Campanile, der eher an eine Rakete erinnert. Innen wirkt die Kirche durch die Verbindung von Sichtbeton, Holzverkleidungen an den Wänden und einer ziegelverkleideten Altarwand etwas heimeliger.

Weiter im Süden, gegen die Vellach zu, entdecken wir in **Rückersdorf** nahe dem legendären Gasthaus Mochoritsch, wo vor wenigen Jahren eine recht bieder-volkstümliche Hauskapelle neu erbaut wurde, die kleine, bereits anläßlich der Gründung von Stift Eberndorf im Jahre 1154 urkundlich genannte Filialkirche zu den **Hll. Ulrich und Andreas**. Das im Kern sicher romanische Gotteshaus besteht aus einer weitgehend geschlossenen Vorhalle mit Walmdach, woran ein flachgedecktes Langhaus mit einem sechseckigem Dachreiter über dem Ostteil anschließt; an der Südseite hat der Maler Skuk ein Christophorus-Fresko aufgemalt. Das eingezogene Chorquadrat mit flacher Wölbung birgt den Hochaltar mit dem Tafelbild der Kirchenpatrone und zwei Jesuitenheiligen (um 1700); die beiden Seitenaltäre stammen annähernd aus der gleichen Zeit.
Westlich von St. Primus duckt sich in eine windgeschützte Einbuchtung am Ostabhang des Steiner Berges in idyllischer Lage das 1154 zu Eberndorf gekommene Kirchdorf **St. Veit**. Die Kirche mit ihrer anheimelnden neugotischen Fassade von 1896 steht etwas erhöht am westlichen Ortsrand auf einer ummauerten Terrasse. Im milden Abendlicht bilden Kirchhofportal, hölzerner Kruzifix und Kirchenfassade einen malerischen Anblick. Die gotische, nach 1760 erneuerte und im 19. Jh. verlängerte und umgebaute Kirche besitzt unter der Sakristei eine Totenkammer. Innen begrüßt uns ein überraschend einheitliches neugotisches Ensemble mit Hochaltar, zwei Seitenaltären, Konsolstatuen, Taufsteindeckel und Orgelgehäuse aus der Zeit um 1896.
Nur ein kurzes Wegstück gegen Südwesten, geradewegs zwischen dem Drautal, der Rückersdorfer Seenplatte und dem Vellachtal steht schließlich einschichtig der **Rutarhof**, welcher dem Maler Werner Berg (1904 – 1981, > Bleiburg) von 1931 bis zu seinem Lebensende als Wohnsitz und Wirkungsstätte diente und mit dem wir unsere Kulturwanderung um den Klopeiner See abschließen wollen.

Entlang des Steiner Berges und die Vellach aufwärts bis zum Seeberg

Gemeinden St. Kanzian am Klopeiner See, Gallizien, Sittersdorf und Eisenkappel-Vellach

Ausgangspunkt unserer Fahrt ist der mäßig hohe, aber auffallend steile Felskegel von **Stein** westlich des Klopeiner Sees und unweit der hier von den Fürsten Orsini-Rosenberg gegen 1800 errichteten Draubrücke. In der weithin sichtbaren Kirche wird das Grab der heiligen **Hildegard von Stein** verehrt: Der Sage nach lebte sie mit ihrem gräflichen Gemahl Paul Albuin auf der Burg Prosnitza am steilen Skarbin hoch über der Drau gegenüber Möchling. Während er einst länger abwesend war, versuchte sein Bruder vergeblich, die als tugendsam bekannte Gräfin zu verführen. Doch eine Magd verleumdete Hildegard beim zurückgekehrten Ehemann, der sie wutentbrannt mitsamt einer Dienerin aus dem Fenster in die Tiefe stieß. Erst als er sah, daß Engel die beiden sicher zu Boden geleiteten und die verleumderische Magd versteinerte, erkannte er seinen Irrtum. Zur Strafe erblindet, erlangte er kurz vor der Rückkehr von einer Pilgerreise sein Augenlicht zurück und gründete zur Sühne die Kirche von Möchling.
Die historisch bezeugte Hildegard von Stein war im Jauntal reich begütert und starb um 985. Von ihren Kindern erbte der spätere Bischof Albuin von Säben, der den Bistumssitz nach Brixen verlegte, das Gut Stein samt Untertanen, das noch im Hochmittelalter in die Hände der Grafen von Tirol und ihrer Rechtsnachfolger, der Grafen von Görz-Tirol, geriet. Dieses Alt-Stein lag jedoch nicht am heutigen Kirchhügel und auch nicht wie in der Sage überliefert am Skarbin, sondern mit hoher Wahrscheinlichkeit etwa einen Kilometer südwestlich auf einem Vorsprung des **Steiner Berges** (Kote 653). Auf der im Volksmund Gradnik (Burgberg) genannten Stelle sind gegenwärtig aber nur noch ausgedehnte, ein ovales Plateau umziehende Wallanlagen auszumachen.
Hildegard galt als große Wohltäterin der Armen. Über zwei Jahrhunderte nach ihrem Tod, nachdem im 12. oder frühen 13. Jh. die Burg auf der heutigen felsigen Spitze errichtet worden war, soll sich unter Pfarrer Wolbert in der Kirche 1228 ein Wunder ereignet haben, indem sich Hostie und Wein vor Zeugen in Fleisch und Blut Christi verwandelten, wie Johannes von Viktring berichtet. Und nacheinander schufen mehrere Stiftungen die Basis für eine Armenspeisung, die jährlich am Todestag Hildegards (dem 5. Februar) abgehalten wurde und Bettler aus dem ganzen Land in Scharen anzog. Ein Ochse wurde gebraten, Brote gebacken und Bier gebraut. Die Legende der Hildegard, deren Reliquien 1605 in der Kirche gehoben und teilweise nach Graz verbracht wurden, verschmolz

Pfarrkirche St. Laurentius (oben) und Filialkirche St. Margarethe (unten) zu Stein im Jauntal

hinfort immer mehr mit jener der sizilianischen Heiligen Agathe. Seit 1809 wandelte sich das Volksfest in eine maßvollere Bewirtung, die mehrmals im Jahr erfolgte. Die Hildegard-Stiftung überstand die Grundentlastung („Bauernbefreiung") von 1848, wurde jedoch durch die Inflation nach dem Ersten Weltkrieg entwertet. Seitdem pflegt die Pfarrgemeinde freiwillig an jedem 5. Februar durch das „Striezelwerfen" in symbolischer Form das Gedächtnis der frommen Wohltäterin, und die heilbringenden Striezel (Brötchen) haben auch im Wappen der Gemeinde St. Kanzian Eingang gefunden. Die **Burg Stein** neben der Kirche ist 1456 im Kampf um das Erbe der Grafen von Cilli zwischen Kaiser Friedrich III., der seine Ansprüche durchsetzte, und den Grafen von Görz-Tirol zerstört worden. Erst 1514 verpflichtete sich Kaiser Maximilians Gefolgsmann Hans Prösinger zu ihrem Wiederaufbau. Doch die Wohn- und ein Großteil der Wehrbauten, nämlich ein dreigeschoßiger Palas mit Walmdach, sowie eine hohe Zinnenmauer mit Torturm und flankierenden Ecktürmen wurden um 1780 abgetragen. Die zugehörige Herrschaft hatte schon 1644 Johann Andreas Freiherr von Rosenberg erworben, dessen Nachkommen noch heute den Steiner Gutsbesitz innehaben.

Jesus wird zum Tode verurteilt. Erste Station des Kärntner Kreuzweges in Stein von Werner Lössl

Heute beherrscht die Pfarrkirche **St. Laurentius** den markanten Burgfelsen. Sie ist offenbar als Burgkapelle im frühen 13. Jh. errichtet worden und wird - vielleicht durch das Blutwunder und die Armenstiftungen begünstigt - schon 1240 als Pfarre ausgewiesen. Zunächst war sie eine Filiale von St. Kanzian und damit seit 1106 Eberndorf unterstellt, wurde jedoch später direkt dem Patriarchen von Aquileja zugewiesen. Sie erhebt sich eindrucksvoll über dem

Ostrand des Felsens: Der Apsissaal mit Rundapsis ist außen ungewöhnlich aufwendig mit repräsentativen Quadern verkleidet; der schlanke Nordturm mit Spitzgiebelhelm ist wohl ein spätgotischer Zubau. Am Außenbau sind mehrere Römersteine eingemauert, und im Inneren erfolgten nachträgliche Veränderungen des ursprünglich flachgedeckten Gebäudes: Durch den Einbau eines Triumphbogens hat man ein fast quadratisches Langhaus mit Kreuzrippengewölbe des 14. Jhs. vom einjochigen Altarraum mit 5/8-Schluß und Sternrippengewölbe des frühen 16. Jhs., der in den Ostteil des romanischen Baues eingepaßt wurde, getrennt.
Besonders bemerkenswert ist die **Krypta** unter Chor und Apsis, in der im Mittelalter das Grab der Hildegard verehrt wurde (vgl. Gurk, Maria Wörth oder Heiligenblut) und die im frühen 16. Jh. ein Gratgewölbe auf vier spätgotischen Rundpfeilern erhielt. Ihre Nordwand trägt noch eine Freskenreihe stehender Heiliger der Spätromanik (2. V. 13. Jh.), während wir im Schiff an der Südwand Fresken mit der Flucht nach Ägypten und an den Gewölben die thronenden Christus und Maria, den Gnadenstuhl mit Evangelistensymbolen sowie Christus als Weltenrichter aus der Zeit der Hochgotik (M. 14. Jh.) finden.
Während der Hochaltar im Jahre 1864 in wesentlichen Teilen barockisierend erneuert wurde, erregen die Statuen des Hildegardaltares, der 1770 neu aufgestellt wurde, unsere Aufmerksamkeit: In der Mitte reicht Hildegard in fürstlicher Tracht einem Bettler Brot. Sie wird flankiert von Dorothea und Agatha (1720). Der Altar birgt noch die nach der Bergung von 1605 nicht nach Graz verbrachten Reliquien sowie ihren Handschuh.

Südlich der Pfarrkirche verläuft eine guterhaltene, früher von einem gedeckten Wehrgang bekrönte Umfassungsmauer entlang des Plateaus, in deren Mitte sich der außen kreisrunde, innen aber achteckige **Karner** aus dem 14. Jh. (?) erhebt, der vielleicht zunächst als Wehrturm in Verwendung stand. Seit 1996 kann hier der **Totentanz** von Kiki Kogelnik, eine in Graustufen gehaltene Flachreliefarbeit aus glasierter Keramik besichtigt werden: Um die „memento mori"-Devise in der Apsis tanzen Skelette und schwarze Käfer als Symbole der bedrohten Umwelt; aufgegrabene Bodenbalken stellen das „Geripppe des Raumes" dar, während im Gewölbe Himmelsleitern und blaue Hildegardstriezel für die andere transzendente Welt nach dem Tode stehen.
Am Fuße des Felshügels unter der Apsis der Pfarrkirche steht inmitten eines alten Friedhofes die Filialkirche **St. Margarethe**. Das romanische Chorquadrat mit einer flach herausragenden Segmentapsis, an das ein kleines Schiff mit einer stuckierten Flachdecke

des 18. Jhs. anschließt, könnte älter sein als die Kirche am Berg (11. Jh.?). 1980 kamen im Langhaus Wandmalereien des 14. Jhs. zum Vorschein: ein Feiertagschristus, der Kopf eines Ritters und bemerkenswerte Ornamente; jünger ist eine Marienkrönung im Chorraum (16. Jh.). Vom mittelalterlichen Hochaltar stammt noch eine spätgotische Margarethenstatue um 1480, während die heutigen Altäre in der Zeit um 1700 entstanden.

Vom Friedhof führen 14 gemauerte **Kreuzwegstationen** in der Form einfacher Nischenbildstöcke zur Pfarrkirche empor. Als diese seit den achtziger Jahren zur Renovierung anstanden, entschloß sich die Pfarrgemeinde zu einem mutigen und bemerkenswerten Schritt. Mit Hilfe von Sponsorengeldern wurden 14 Künstler unterschiedlichster Richtung mit der Schaffung je eines Stationsbildes betraut, wobei das Thema und der architektonische Rahmen vorgegeben waren (1991). Sowohl im Material wie in der Ausdrucksweise war das Ergebnis dieses „Kärntner Kreuzweges" von einer erfreulichen künstlerischen Vielfalt. Hier ist nur Platz, die Künstler und ihre Werkstoffe aufzuzählen:

1. Verurteilung Jesu (Fresko mit Mineralfarben von Werner Lössl)
2. Jesus nimmt das Kreuz (glasierte Keramik mit Eisendurchzug, Entwurf Karl Schüssler)
3. Jesus fällt zum ersten Mal unter dem Kreuz (Bronzeguß von Valentin Oman)
4. Jesus begegnet seiner Mutter (Glagolica-Inschriften auf Marmorplatten von Karl Vouk)
5. Simon von Cyrene hilft Jesus das Kreuz zu tragen (Sekkomalerei mit Mineralfarben von Josef Stefan)
6. Jesus begegnet Veronika (geätzte Zinnplatte von Reimo Wukounig)
7. Jesus fällt zum zweiten Mal unter dem Kreuz (Mischtechnik von Stefan Gyurko)
8. Jesus begegnet den weinenden Frauen (glasierte Keramik von Ernst Gradischnig)
9. Jesus fällt zum dritten Mal unter dem Kreuz (Metallguß von Gertrud Weiss-Richter)
10. Jesus wird seiner Kleidung beraubt (Keramik„nudeln" von Kiki Kogelnik)
11. Jesus wird ans Kreuz geschlagen (Acrylfarbe auf Verputz, eingefaßt von weißen Fliesen, dabei ein bleierner Handfäustel, entworfen von Jože Boschitz)
12. Jesus stirbt am Kreuz (Bronzerelief von Karl Brandstätter)
13. Kreuzabnahme und Beweinung Jesu (Messingguß in bunten Natursteinen von Franz Brandl)
14. Grablegung (glasierte Keramik mit unbemaltem Porzellanton auf blauem Anstrich von Jan Puinbroek).

Einem empfehlenswerten Radweg durch eine Auenlandschaft drauaufwärts folgend erreichen wir das Straßendorf **Möchling**. Hier schenkte im Jahre 1123 Herzog Heinrich IV. aus dem Geschlecht der Spanheimer dem Stift St. Paul seinen Gutshof mitsamt der Kirche. Die **Kirche** zu Ehren des Apostelfürsten Paulus, deren Pfarrrechte 1206 anerkannt wurden, ist ein mittelgroßer spätgotischer Bau (am Portal bezeichnet 1514), an dem außen der vorgestellte Westturm fast in Langhausbreite den Akzent setzt. Im Schiff finden wir gitterartig über das Gewölbe gelegte Netzrippen auf Wappenkonsolen. Der Triumphbogen mit der Jahreszahl 1553 führt in den ebenfalls netzrippengewölbten Chor, in welchem wir ein spätgotisches Sakramentshäuschen und einen Taufstein aus der gleichen Zeit finden.
Hochaltar und Seitenaltäre sind spätbarock aus dem dritten Viertel des 18. Jhs. (der rechte mit der Statue eines Bischofs um 1500). Die Seitenkapelle besitzt einen frühbarocken Altar von 1665 mit einem qualitätsvollen Pietàrelief um 1520/30, einem Schmerzensmann im Aufsatz vom Ende des 15. Jhs. sowie zwei weiteren spätgotischen Statuen.
Angesichts des Zustroms von Gläubigen am Hildegardsgrab versuchte auch das Stift St. Paul Nutzen aus ihrer Legende zu ziehen und pflegte in Möchling den Grabkult um Paul Albuin. In der ersten Hälfte des 15. Jhs. schnitzte ein Mönch für die Kirche aus Lindenholz einen kunstvollen, überlebensgroßen **Reliquienschrein** (Bild siehe Seite 11) in Form einer mehrgeschoßigen, im Dach durchbrochenen, reich durchfensterten und mit Fialen und Maßwerk geschmückten Kapelle. Die Gemeinde Möchling verkaufte ihn zur Finanzierung eines Schulgebäudes im Jahre 1874 um 4.000 Gulden dem Kunsthistorischen Museum in Wien, wo er in den letzten Kriegstagen 1945 spurlos zugrunde ging! Nur noch eine Inschrifttafel erinnert heute an das Grab des Paul Albuin, des Gemahls der Hildegard von Stein, das 1816 geöffnet und auch neuerdings wieder wissenschaftlich untersucht worden ist.

Nördlich in geringer Entfernung von der Kirche erhebt sich der stattliche **Pfarrhof**, eigentlich ein Herrenhof bzw. Schloß des Stiftes St. Paul mit angeschlossener Gutswirtschaft. Der hoflose dreigeschoßige Rechteckbau mit Krüppelwalmdach, Lisenengliederung und charakteristischen Ochsenaugen im Obergeschoß stammt im wesentlichen, von geringen Gewölberesten des Spätmittelalters und der frühen Neuzeit abgesehen, aus der zweiten Hälfte des 17. Jhs. Im Obergeschoß birgt er einen Saal mit Stukkaturen des 17. Jhs. sowie Fresken aus dem Leben der heiligen Hildegard, u.a. mit einer Ansicht der sagenhaften Burg Prosnitza.

Pfarrkirche St. Jakobus d. Ä. in Gallizien gegen Norden

Von Klagenfurt aus ist das westliche Jauntal am schnellsten über die **Annabrücke** erreichbar. Erst 1836 ist hier am Fuße des sagenumwobenen Skarbins (s. dazu auch > Stein i. J.) nach Jahrhunderten einer unsicheren und witterungsabhängigen Überfuhr von einem privaten Betreiber eine hölzerne Mautbrücke errichtet worden, die 1909 ins Eigentum des Landes kam. Eine „Dauerbehelfsbrücke"(!) in Form eines Stahltragwerkes aus dem Jahre 1960 wurde wegen der Errichtung eines ÖDK-Kraftwerkes 1974/76 etwas flußabwärts durch ein imponierendes Spannbeton-Hohlkastentragwerk mit einer Gesamtspannweite von 176 m ersetzt.

Über eine mäßige Lehne bergaufwärts erreicht man das langgestreckte Pfarrdorf **Gallizien**, dessen Kirche an seinem nordwestlichsten Sporn über der Drauniederung erbaut wurde. Der Pfarrpatron Jakob d. Ä. hat dem Ort auf kuriose Weise den Namen gegeben: Das alte, bereits 1123 urkundlich genannte „Gestidorf" wandelte sich im späten 15. Jh. zu St. Jakob „in galizia" – eine Anspielung auf das Grab des Heiligen zu Santiago de Compostela in der nordspanischen Provinz. In der Neuzeit verschwand der Kirchenpatron aus dem Ortsnamen, die fremdländische Beifügung blieb.
Der mächtige südlich angebaute Turm mit Zwillingsfenstern und steilem Pyramidenhelm dürfte noch dem 13. oder frühen 14. Jh. angehören, als die Kirche zur Pfarre erhoben wurde. Das sehr breite gotische Langhaus war zweischiffig und gewölbt, als es 1945/46 zu einem weiträumigen Saal mit hölzerner Kassettendecke umgestaltet wurde. Während der Hochaltar der spätesten Phase des örtlichen Barock zuzurechnen ist, sind die Seitenaltäre älter: Der linke birgt überhaupt eine gotische Madonna des weichen Stils, beim rechten ist eine steinerne Inschrifttafel zur Erinnerung an eine Stiftung des Klagenfurter Pfarrers Rohrmeister von 1688 eingemauert. Die Statuen der vier Evangelisten von der abgetragenen Kanzel turnen heute etwas unmotiviert an der Brüstung der Westempore; merkwürdig auch der historisierende Volksaltar mit seinen sechs Säulchen.
Der Friedhof wird im Osten von einer großen halbrunden Kapellennische mit offener Laubenhalle dominiert, deren zentraler Kruzifix von expressiv-bewegten Wandmalereien der Heiligen Georg und Michael flankiert wird. Die Funktion als (zweisprachiges) Kriegerdenkmal teilt die Kapelle mit einem weiteren Denkmal links vom Eingang in den Kirchhof. Unmittelbar nordwestlich der Pfarrkirche und mit dieser durch einen Schwibbogen verbunden befindet sich über dem Geländeabfall noch eine alte Totenkammer.

An **Abriach** mit seiner auffallenden Wegkapelle des 19. Jhs., die innen und außen mit figürlichen Malereien versehen ist, vorbei geht es bergaufwärts nach Westen: Auf einem Plateau rund 300 m oberhalb der Drau, knapp vor dem Abfall zum Freibach, der jahrtausendalten Verwaltungsgrenze des Jauntales gegen das westlich anschließende Rosental, liegt in idyllischer Lage das Haufendorf **Abtei**, dessen Name auf die jahrhundertelange Zugehörigkeit des Ortes und seiner Kirche zum Stift St. Paul im Lavanttal anspielt. Die Kirche besteht aus einem westlichen Turm, dessen Untergeschoß die Vorhalle bildet, einem dreijochigen Langhaus mit Sternrippengewölben des frühen 16. Jhs. und einem querrechteckigen,

durch einen Triumphbogen abgeschnürten, aber nicht eingezogenen Altarraum mit Rundapsis – dieser Bauteil dürfte 1561 geweiht worden sein, als ganz Kärnten bereits von der Reformation erfaßt worden war. Am linken Seitenaltar finden wir eine Kopie des Tafelbildes der Beweinung Christi, das Abt Jöbstl von Jöbstlberg von St. Paul um 1490 bei Thomas von Villach in Auftrag gab und das sich heute als besonders schönes Beispiel spätgotischer örtlicher Tafelmalerei im Landesmuseum für Kärnten in Klagenfurt befindet.
Östlich von Gallizien erhebt sich am Rande des Dorfes **Glantschach** die spätgotische, in der Barockzeit veränderte Filialkirche zum hl. Thomas mit breitem Westturm, durchgängiger Holzschindeldeckung und einem südseitigen Christophorusbild von 1892 (von Skuk), neben dem vier Jahreszahlen die Restaurierungen und Umbauten der letzten vier Jahrhunderte zwischen 1661 und 1946 dokumentieren.
Vorbei an **Wildenstein** und seinem berühmten Wasserfall, oberhalb dessen sich geringe Reste des Berings, eines Turmes und einer Palasmauer der gleichnamigen Burg aus dem 12. Jh. erhalten haben, führt die Straße nach **Miklauzhof**, einer wichtigen Weggabelung vor der ersten Engstelle der Seeberg-Paßstraße. Der namengebende Hof war eine unbedeutende untertänige Bauernhube, bis Karl Pogantsch in der zweiten Hälfte des 19. Jhs. in gründerzeitlicher Euphorie ein Mustergut mit Brauerei, Spiritusbrennerei sowie einen Restaurations- und Beherbergungsbetrieb mit Dampf- und Wannenbädern samt Billardräumen geschaffen und als besondere Attraktion mit Gaslicht versehen hat. 1929 erwarb der als Offizier in den Abwehrkämpfen und als Hauptverantwortlicher der proösterreichischen Propagandaarbeit für die Kärntner Volksabstimmung hochverdiente Dr. Hans Steinacher das mittlerweile heruntergekommene Gut und lebte hier bis zu seinem Tod 1971. In einem der Räume ließ er von Switbert Lobisser 1932 einen Freskenzyklus über die Abwehrkämpfe anfertigen.
Das seit kurzem wieder sorgfältig restaurierte bauliche Ensemble des Miklauzhofes thront majestätisch südlich der Straße nach Sittersdorf: Das Herrenhaus von 1867 ist – eigentlich ein Spätling – noch ganz dem Biedermeier und seiner zarten spätklassizistischen Baukultur verhaftet (wobei die Reliefs auf die gewerblichen Aktivitäten Pogantschs Bezug nehmen), während das westlich davon im rechten Winkel errichtete ehemalige Restaurationsgebäude schon im Banne der Gründerzeit und ihres etwas aufdringlichen Stilpluralismus steht. Östlich schließen Wirtschaftsbauten und Unterkünfte an.
Während heute die Seebergstraße bei Miklauzhof in einer schluchtartigen Engstelle mit der unberechenbaren Vellach (biela = die

Der Miklauzhof gegen Süden

Weiße) zusammentrifft und sie bis zu den Serpentinen des Seeberges begleitet, führte die alte Handelsstraße über den Höhenrücken von **Rechberg**. In windiger Höhe gut 100 Meter über dem Talboden blieb hier eine malerische Bautengruppe mit Kirche, Karner, dem ummauerten Schloß (der „Kommende") und einer höhergelegenen Burgruine erhalten. Soferne mit einem Pkw unterwegs, ist die steilere Zufahrt vom Süden, von Eisenkappel her, wirkungsvoller. Ein Nischenbildstock mit einem „modernen" Bartholomäusbild und dahinter der „Gasthof zur Maut" – ein Bau im

Schloß Rechberg

Der Rundkarner der Pfarrkirche von Rechberg

„Stöckltyp" mit Dreiecksgiebel – führen uns die einstige Bedeutung des Ortes an der Fernstraße vor Augen.
Inmitten einer Phase reger Kolonisationstätigkeit und des organisierten Ausbaues der Verkehrswege nach Krain ließ hier Herzog Bernhard vor 1236 eine Burg als Gerichts- und Verwaltungsmittelpunkt erbauen, die im Erbvertrag seiner beiden Söhne als eine ihrer Hauptburgen bezeichnet wurde. Die Burgsiedlung entwickelte sich so gut, daß sie 1267 als Markt bezeichnet wurde. Über die Heunburger (> Bleiburg) und Auffensteiner kam Rechberg im 14. Jh. in die Hände der österreichischen Herzöge, die Rechberg von Kastellanen verwalten ließen oder verpfändeten. Kaiser Friedrich III. verkaufte die Herrschaft 1491 an Ladislaus Prager, doch stiftete

dieser schon vier Jahre später Burg, Kirche und das benachbarte neue Schloß dem St. Georgs-Ritterorden, der in Millstatt seinen Sitz hatte, als neue Kommende (Ordensniederlassung). Für den personell schwach besetzten Orden, dessen Aufgabe die Türkenabwehr gewesen wäre, bedeutete Rechberg einen strategisch wichtigen Punkt, noch mehr aber bedeutende Einkünfte. Mit dem Ende des Ordens im späten 16. Jh. kam die Herrschaft Rechberg an die Grazer Jesuiten, nach deren Aufhebung 1773 die Würde des Kommendators (Vorstehers), der auch Sitz und Stimme im Ständischen Landtag besaß, auf den jeweiligen Pfarrherrn überging.

Eine Brücke auf zwei gemauerten Pfeilern führte über einen Halsgraben zur hochgelegenen **Burg**, die eigentlich nur aus einem fünfeckigen Turm und einem langrechteckigen verbauten Hof bestand und wohl nur zeitweilig besetzt war, während der Burggraf im tieferliegenden Ort residierte.
Wohlerhalten ist hingegen das spätmittelalterliche **Schloß** – die „Kommende" –, ein dreigeschoßiger kastenförmiger Bau mit großen Rechteckfenstern am Kamm des Höhenrückens zwischen Jaun- und Vellachtal. Über dem westlichen Rundbogenportal sind noch die Rollen der Zugbrücke und darüber Reste eines Freskos des Ordenspatrons Georg (ehemals bezeichnet 1581) zu sehen. Die Schießscharten unter dem hohen Walmdach dürften auf die Ordensritter nach 1495 zurückgehen (ähnliche finden wir am Hochmeisterschloß in Millstatt). Eine Toranlage in den Ort hinab und ein Eckturm im Nordwesten dokumentieren noch die Ummauerung des Ordensritterschlosses und damit auch die örtliche Angst vor den Türkeneinfällen des Spätmittelalters. Nach längerem Besitz der Fürsten Orsini-Rosenberg ist Rechberg von der Diözese Gurk angekauft worden und erfreut sich heute als von der Pfarre betreutes Sommerlager für Kinder neuer Beliebtheit, wofür auch die Malereien am angebauten Wohngebäude sprechen.
Ein besonderes kulturgeschichtliches Juwel ist die etwas hangaufwärts errichtete Pfarrkirche **St. Bartholomäus**, deren malerisches Äußeres die beständige Erneuerung und Verschönerung als Gotteslob zum Ausdruck bringt: Von den Anfängen der Kirche im 13. Jh. (wohl zeitgleich zur Burg) stammt das Hauptschiff mit dem wuchtigen Chorturm; im 14. Jh. wurde ein breiter Altarraum mit 5/8-Apsis und Strebepfeilern sowie ein zweijochiges Südschiff (eigentlich eine geräumige Seitenkapelle) zugebaut. Durch weitere Umbauten in der Barockzeit und Zubauten im 19. Jh. wurde die Kirche gleichsam ummantelt.
Am Außenbau fallen uns neben einem Kruzifixus die zahlreichen Priestergrabsteine am Chorpolygon auf. Durch eine Vorhalle betritt

man vom Süden das enge Turmuntergeschoß, ehemals der romanische Altarraum, mit gemalten Reihen von Aposteln und Heiligen aus der Zeit um 1300. Die gotischen Rippengewölbe des dazu vergleichsweise geräumigen Chorraumes sind dicht mit den Symbolen der Evangelisten, mit Engeln und Ornamenten bemalt (15. Jh.); an der Nordwand finden wir eine Madonnendarstellung, im Westen ein Jüngstes Gericht, im Süden die Heiligen Michael und Georg sowie ein bemerkenswertes Rundfenster mit Vierpaß.
Während im Seitenschiff die Schlußsteine des Gewölbes mit Rehbock (dem Wappentier der Rechberger, einem Rittergeschlecht) und Taube zu bewundern sind, fällt unser Blick im Hauptschiff auf zwei bemerkenswerte, fast lebensgroße Sandsteinstatuen in spätmittelalterlichen Nischen an der Nordwand. Die beiden qualitätsvollen hochgotischen Figuren der Maria und des Johannes aus der Zeit um 1320 flankierten ursprünglich einen Kruzifixus. Besonders hübsch ist die gleichfluchtige Reihe der drei Altäre im Osten des Langhauses, tw. barock, tw. später errichtet wie der Hochaltar. So malerisch der gewachsene Kirchenraum wirkt, so unpraktisch ist die Meßfeier wegen der Trennung des Altares von den Sitzbänken durch das Turmuntergeschoß.
Ein weiteres Schmuckstück ist der südwestlich der Kirche fast in den Steilhang hineingebaute **Rundkarner** mit östlicher 3/4-Apsis, steilem Kegeldach mit Schindeln und jüngst wiederaufgetragener Fugenmalerei. Das romanische Gebäude des 13. Jhs. verwahrt noch heute in seinem Untergeschoß sekundär bestattete Gebeine – effektvoll hinter einem Holzgitter aufgeschlichtet –, während im kuppelgewölbten Obergeschoß ursprünglich Totenliturgien abgehalten wurden. Ungewöhnlich ist das Fresko der stillenden Muttergottes, das Urban Viatori 1571 mitten in der Reformationszeit vollendete.

Unterhalb von Rechberg befand sich an der Vellach ein Hammerwerk, daß wie die meisten anderen Kärntner Montanbetriebe in der zweiten Hälfte des 19. Jahrhunderts schließen mußte. Die verwaisten Werksbauten ließ jedoch Eduard Engländer 1891 zu einer **Papier- und Zellulosefabrik** umbauen, die ein neues Verfahren (Ritter-Kellner) erfolgreich anwandte; doch stellte der Betrieb „Obir“ mit Jahresende 1989 seine Produktion ein. Mittlerweile sind die Industrieruinen fast zur Gänze abgetragen worden, darunter leider auch der baugeschichtlich bemerkenswerte hölzerne Laugenturm von 1948/49.

Wenige Kilometer vellachaufwärts ist nahe der Mündung des Trögerner Baches mit **Eisenkappel** ein typischer langgestreckter Straßenmarkt vor einem Paßanstieg entstanden. An einer Engstel-

Die Filial- und Wallfahrtskirche Maria Dorn beim Friedhof von Eisenkappel

le der Vellach kurz vor dem Ort – „Tabora" genannt – wächst aus einem Felsen der heute als Trafohäuschen umgebaute sogenannte **Hungerturm**, das Gefängnis des Landgerichts „Kappel" gegenüber dem einstigen Hochgericht mit dem Galgen. Ursprünglich stand der Felsen isoliert in der Vellach und war nur über eine Brücke erreichbar, später diente der Turm als Pulvermagazin für den Bergbau im Vellachtal.

Barocke und spätgotische Fresken über dem Südportal der Filial- und Wallfahrtskirche Maria Dorn in Eisenkappel

Kurz dahinter sehen wir rechts auf steilem Felsen über dem Tal die Reste der **Türkenschanze**: Das Hauptwerk besteht aus einer dreieckigen Ummauerung mit trichterförmigen Falkonettscharten, die mit rechteckigen Fensteröffnungen wechseln. Während dieser Teil schon für die Verwendung von Geschützen eingerichtet war und dem 16. Jh. zuzurechnen ist, bildete eine Sperrmauer an der Talenge mit zwei turmartigen Gebäuden die eigentliche „tabora", welche die Bevölkerung als Schutz nach den verheerenden Türkeneinfällen seit 1473 als Selbsthilfe errichtete.
Nun erst öffnet sich das Tal zur Marktsiedlung von **Eisenkappel**: Hier besaß der friaulische Graf Chazelin – der Stifter von Eberndorf – eine Eigenkirche. Das ringsherum gewachsene Dorf samt dem vierten Teil dieser „capella" schenkte er um 1065 der Brixner Kirche. In der Folge entwickelte sich Kappel (so der Ortsname bis vor gut 100 Jahren) als Paß- und Handelsort überaus gut und wurde 1267 schon als Markt bezeichnet. Über die Herren von Junegg und Agnes, der Witwe nach Herzog Ulrich III., kam Kappel

Die Türkenschanze, Bleistiftzeichnung von Markus Pernhart, M. 19. Jh.

an die mächtigen Heunburger, dann durch Kauf an die Auffensteiner und nach deren Aufstand an die Habsburger. In der folgenden Zeit der Verpfändungen profitierte Kappel vom Anfall Triests an das Haus Österreich. Vom Süden kamen Wein, Früchte und Meersalz im Tausch mit Eisen und Häuten. Ein schwerer Schlag waren die Türkeneinfälle von 1473 bis 1483, vor allem aber der Ausbau der Loiblstraße unter Kaiser Karl VI. 1728. Erst die verstärkte Inbetriebnahme von Hammerwerken, besonders unter den Grafen Christallnig, führte vom späten 18. bis in die zweite Hälfte des 19. Jhs. zu einer guten Konjunktur. Ihre Schließung 1872 bzw. 1885 (Rechberg) waren ebenso wie der Erste Weltkrieg und die jugoslawische Besatzungszeit ein arger Rückschlag.
Dem vom Norden kommenden Besucher begrüßt links am Ortseingang in Hanglage die freundliche Wallfahrtskirche **Maria Dorn**, zu der man über eine gedeckte Treppenanlage mit 83 Stufen gelangt. Die urkundlich wohl schon 1154 (Maria Obriach) genannte, 1386 erneut eingeweihte Kirche geht in ihrem heutigen Erscheinungsbild auf die Türkenzeit des späten 15. Jhs. zurück. Am Außenbau fallen über dem Südportal spätgotische Fresken aus der Bauzeit auf: Beweinung Christi, Marientod, seitlich die hl. Anna selbdritt und Veit (Daniel?). Im fast quadratischen Langhaus, das durch einen barocken Emporeneinbau jedoch querrechteckig wirkt, trägt ein einziger polygonaler Pfeiler die Sterngewölbe. Im Norden wurde in der Barockzeit eine geräumige Annenkapelle angebaut. Auch die Einrichtung ist einheitlich spätbarock bis auf eine jener zeitlos anmutigen „Schönen Madonnen" des weichen Stils um 1410. Ein Votivbild von 1837 zeigt die Familie eines St. Veiter Bürger-

gardisten. Maria Dorn bekrönt auch einen der schönsten Friedhöfe im weiten Umkreis mit nahezu amphitheatralischer Wirkung; typisch die Biedermeierkapellen an der Friedhofsmauer.
Das Zentrum von Eisenkappel bildet der langgestreckte **Marktplatz** (im Seitenverhältnis 10:1), der im Süden von der Pfarrkirche abgeriegelt wird. Die großteils traufseitigen Häuser weisen nur bescheidenen Fassadenschmuck der beiden vergangenen Jahrhunderte auf. Hübsche Biedermeierformen finden wir am Pfarrhof (Nr. 80, mit Balkon), vereinzelt zieren kleine Giebel die Dächer (Nr. 1). An zeitgenössischer Architektur ist die Geschäftsstelle der „Obir-Tropfsteinhöhlen" (Nr. 7) an der Ostseite des Platzes zu nennen. Interessant ist zweifellos das „Herrenhaus" Nr. 20 mit breiter gewölbter Einfahrt, steilem parallelem Stiegenaufgang und einem gekuppelten Rundbogenfenster aus dem späten 16. oder frühen 17. Jh. als Herrschaftszeichen. Die letzten Jahrzehnte haben neben einer starken Verbauung der Peripherie auch manche Sünde im Zentrum mit sich gebracht.
Die mächtige **Pfarrkirche** setzt sich aus der dreischiffigen Halle des späten 15. Jhs. mit Stern- und Netzgewölben und dem wie der Turm an der Südecke wohl ein Jahrhundert älteren Chor (mit einer maßwerkbekrönten Sitznische) zusammen. Am Außenbau dominiert die Gründerzeit, wie die Jahreszahl 1885 am Turm verrät, die Inneneinrichtung wie der Zubau der Pestkapelle stammen aus der Barockzeit.
Außerhalb des Marktes gegen den Seeberg zu finden wir zunächst eine Wegkapelle mit einer Kreuzigungsgruppe in volksbarocker Art und malerisch an den Westhang des Tales geschmiegt das in „Schönbrunnergelb" gehaltene Ensemble von **Schloß Hagenegg**. Es verdankt seinen Namen der Familie Hagen, die hier seit dem Spätmittelalter bis zur Gegenreformation landesfürstliche Ämter innehatte. Als erster Abschnitt entstand im frühen 16. Jh. der hangseitige Flügel (mit einer Holzkassettendecke), ihm wurde im folgenden Jahrhundert straßenseitig ein Wohntrakt mit übereck gestellten Türmchen vorgebaut, in dem noch barocke Stuckdecken der Zeit um 1680 und der Mitte des 18. Jhs. erhalten geblieben sind. Durch Seitenflügel und die barocke Josefskapelle in der Südwestecke entstand ein Innenhof. Unter den Grafen Christallnig wurden dem Herrenhaus gegen die Straße zu zwei parallele Wirtschaftstrakte in Form eines offenen Ehrenhofes vorgebaut, und zwar links ein Stadl, rechts ein Schüttkasten. Das Schloß ist seit 1887 im Besitz der Grafen Thurn-Valsassina und wurde seitdem mehrmals sorgfältig restauriert.
Südlich davon schließt baulich als durchaus reizvoller Kontrast das 1998 neueröffnete **Kurzentrum** an. Die bereits 1879 entdeckte Heilquelle, ein alkalisch-muriatischer Säuerling, zeichnet sich durch

Schloß Hagenegg bei Eisenkappel

einen besonders hohen Borsäuregehalt aus und empfiehlt sich bei Harnwegs- und Nierenerkrankungen. Hallenbad und Brunnenhaus am rechten Vellachufer werden mittels eines effektvollen Überganges mit Cafeteria direkt über der Seebergstraße mit dem Kurzentrum verbunden.

Mehrere Kilometer taleinwärts empfiehlt sich ein Halt am sogenannten **Hallerfelsen**, an dem der Maler Primus Haberl 1863 einen zwölf Meter hohen **Christophorus** geschaffen hat. Bevor sich die Seebergstraße in

Der Hallerfelsen bei Eisenkappel mit dem Christophorusgemälde (1863)

Serpentinen bis zur Grenze am Sattel in 1218 m Höhe hinaufzuschlängeln beginnt, sehen wir am rechten Ufer der Vellach die in Verfall begriffenen Reste der seit 1945 stillgelegten Kuranstalt von **Bad Vellach**, ein malerisches gründerzeitliches Hotelensemble mit Veranden und Zubauten des späten 19. Jhs. mit Kapelle. In unmittelbarer Nähe davon versteckt sich fast an der Straße ein anmutiger Biedermeierbau um 1830, als Sommerhaus des illyrischen Gouverneurs Joseph Camillo von Schmidburg errichtet. Darunter finden wir eine Dreifaltigkeitskapelle von 1823, als kleinen Bau mit Dachreiter und Vorlaube auf Holzsäulen. Oberhalb der Straße fallen zwei

Glasfenster im Chor der Pfarrkirche Ebriach, Mitte 14. Jh.

mächtige, wohlrenovierte Gebäude im charakteristischen Kärntner Stöckltyp (rechteckig mit Walmdach) auf, als Zollwachgebäude 1926/27 neuerrichtet.

Ein reizvoller Abstecher führt uns westlich von Eisenkappel zunächst in die Streusiedlung von **Ebriach**, deren Pfarrkirche einen ungemein wuchtigen romanischen Turm mit kleinen Zwillingsfenstern und ein wahrscheinlich gleichfalls noch romanisches Schiff mit Flachdecke aufweist. Der Chor entstand im 14. Jh. und birgt noch qualitätvolle Glasmalereien der Hochgotik, aus der Zeit der Türkenbedrohung im 15. Jh. stammt die Madonna im jüngeren barocken Hochaltar. 1988 wurden Fresken mit Passionsszenen (Ölberg, Gefangennahme Christi, Pilatusszene, Geißelung und Kreuzigung) aus dem Umkreis des „Meisters von Einersdorf" freigelegt (fr. 15. Jh.). Nicht weit entfernt erhebt sich auf einem bewaldeten Hügel die Filialkirche von St. Leonhard, ein spätgotischer Bau mit hölzerner Flachdecke. Durch eine wildromantische Klamm erreicht man das Dorf **Trögern**, dessen Kirche zum Heiligen Kreuz erst 1861 über Inititative eines Bauern in barockisierenden Formen erbaut wurde und spätnazarenische Fresken nach Josef Führich erhielt. Ein besonderes Kuriosum ist, knapp an der Grenze zum Bezirk Klagenfurt-Land, etwas abseits südlich der Straße, die Paphnutiuskapelle mit der Statue eines kleinasiatischen, auch Pamenuz genannten Bergbauheiligen.

Östlich von Eisenkappel muß im **Remscheniggraben** die abseits einschichtig gelegene **Margarethenkapelle** erwähnt werden, ein kleiner Bau der Romanik oder Frühgotik (13./fr. 14. Jh.) mit mächtigem Nordturm und kreuzgewölbtem Langhaus. Im Inneren ist vor allem auf die hochgotischen Fresken im Langhaus hinzuweisen (szenische Heiligendarstellungen des 14. Jhs.), während die Passionsszenen im Chor dem Umkreis des „Einersdorfer Meisters" zuzuordnen sind (fr. 15. Jh.).
Mit einem Hinweis auf die Kirche von **St. Leonhard** südlich des Grabens in über 1300 m Höhe fast an der Grenze zu Slowenien, einem barocken Bau mit älterem (wohl spätgotischem) Kern, einer bemerkenswerten schablonierten (bemalten) Holzdecke mit Darstellungen der Evangelisten sowie der Hll. Laurentius und Leonhard (1670), und typischen Altären des 17. Jhs., wollen wir unsere Reise die Vellach aufwärts beschließen.

Vom Weinberg bis an den Fuß der Petzen

Gemeinden Sittersdorf, Globasnitz, Feistritz ob Bleiburg und Bleiburg

Östlich von Miklauzhof erstreckt sich zwischen dem Vellachtal und der Gösselsdorfer Seenplatte der Gemeindehauptort **Sittersdorf**. Im Norden setzt der Weinberg einen wuchtigen Akzent im Gelände. Im Gegensatz zum übrigen Unterkärnten ist hier der auf mittelalterlichen Traditionen fußende Weinbau nie völlig abgekommen: Eingeweihte schätzen den nur mehr im privaten Kreis angebotenen „Rötel", aus guten Gründen zuweilen auch „7-Männer-Wein" genannt, der auch im Gemeindewappen Niederschlag gefunden hat. Auch wo der Weinbau schon aufgegeben war, ist manchem Bauern bis 1848 das günstigere „Bergrecht" (vom Weinberg) geblieben.

Die **Pfarrkirche** zu Ehren der Kreuzauffinderin Helena auf einem isolierten Kegel östlich eines erhöhten und mit diesem durch eine Brücke verbundenen Plateaus erweckt durch die umlaufende Kirchhofmauer einen wehrhaften Eindruck. Die im Kern romanische Kirche mit angefügtem spätgotischen Chorpolygon wurde im 17. Jh. (vielleicht 1690, wie am Westturm festgehalten) dreischiffig erweitert, und an das Südschiff wurde eine Sakristei mit darüberliegendem Oratorium angebaut. Während im Chor die Netzrippen erhalten geblieben sind, finden wir am Mittelschiffgewölbe und an der Emporenbrüstung nazarenerhafte Wandmalereien des Wanderkünstlers Jakob Brollo aus Gemona im Friaul von 1891. Der Hochaltar aus der Zeit des Rokoko besitzt qualitätsvolle Schnitzfiguren, bemerkenswert ist auch die sitzende Muttergottes am rechten Seitenaltar (M. 18. Jh.). Eine spätgotische Statue des hl. Oswald am rechten Wandaltar ist barock überarbeitet worden. Ein männliches Porträtmedaillon von einem römischen Grabmal (fr. 2. Jh.) liegt gegenwärtig in der Vorhalle des Westturmes.

Südlich der Pfarrkirche steht mitten im Friedhof der romanische **Rundkarner**, dessen Obergeschoß mit rundem Kuppelgewölbe heute als Aufbahrungshalle wieder eine Verwendung gefunden hat, welche der ursprünglichen vor rund 800 Jahren nahe kommt.

Der Besucher sollte auch einen Blick auf den westlich der Kirche gelegenen **Pfarrhof** werfen, ein im Kern wohl ins 16. Jh. zurückreichendes herrschaftliches „Stöckl" mit Walmdach. Vor allem die nördlich in Hufeisenform anschließenden Wirtschaftsbauten mit Obergeschoßen im Holzständerbau machen einen überaus gepflegten Eindruck.

Weiter östlich liegt abseits der Hauptstraße **Pfannsdorf** mit einer anmutigen Marienkapelle von 1882 und dahinter bei Tihoja die am nördlichen Abhang eines Hügels hingestreckte Pfarrkirche

Die Pfarrkirche von Sittersdorf gegen Norden mit dem 1865 erhöhten und durch Wandvorlagen verzierten Westturm

St. Philippen, wegen der zugehörigen Patronatsherrschaft auch „ob Sonegg“ genannt. Die wohl als Eigenkirche der Junecker gegründete Kirche hatte zwischenzeitlich ihre Pfarrfunktion verloren, als sie unter Kaiser Josef um 1786/88 zu einer Lokalkurazie erhoben wurde. Ihr Äußeres wird durch den mächtigen spätromanischen Westturm, den Rhythmus der Strebepfeiler und die zweifarbige Ornamentierung durch Rosetten und andere Muster in Ocker und Ochsenblut bestimmt.

Die Kirche erhielt im 14. Jh. ein gotisches Chorpolygon, das um 1370 mit einem Programm hochgotischer Wandmalereien versehen wurde: in der Apsis sind Heilige, im Gewölbe Evangelistensymbole, an der Südwand Verkündigung, Zug und Anbetung der Heiligen Drei Könige, eine Schutzmantelmadonna und die Marienkrönung zu sehen; an der Nordseite eine Ölbergszene, die Kreuzigung und ein Bild des hl. Georg. In der Turmvorhalle blieb das Fragment einer gotischen Steinmadonna aus der gleichen Zeit mit später ergänztem Kind erhalten. Das Langhaus besitzt ein spätgotisches Schlingrippengewölbe des frühen 16. Jhs. Die Darstellung eines „Feiertagschristus“ im Turmobergeschoß (bez. 1576) belehrte die Gläubigen über alle an Sonntagen verbotenen Arbeiten. Der Hochaltar gehört noch der letzten Phase des Barock an, während die Seitenaltäre schon dem 19. Jh. entstammen.
Der Kirche in der Westachse vorgestellt ist ein leider etwas nüchtern restaurierter, zweigeschoßiger Rechteckbau mit der 1812 bis 1817 angelegten **Gruft** der Fürsten Orsini-Rosenberg – seit 1639 Herren von Sonnegg – mit Glasgemälden aus der Zeit des frühen Wiener Biedermeier (1819/20).
Es gibt einige Argumente, wonach eine erste Burganlage Juneck (Jouneck), in dessen Name die Erinnerung an das spätrömische Juenna ebenso wie im Begriff Jauntal weiterlebt, ursprünglich am Höhenrücken Gradiše hinter der Kirche bestanden haben könnte. Das Machtzentrum seit dem 13. Jh. war jedoch die nur wenige hundert Meter nördlich gelegene **Burg Sonnegg** (wohl eine Verballhornung von Jouneck) am Schloßberg zwischen dem Gösselsdorfer See und dem Suchabach, auf der Heunburger bzw. Pfannberger Ministerialen saßen. Nach einem Besitzer führte die Burg zeitweise auch den Namen Parzifalturm. 1444 fiel sie dem Hans Ungnad zu, dessen Familie rund zwei Jahrhunderte lang bis zum Ende der Reformationszeit eine wichtige politische Rolle im Land spielen sollte. Seit 1639 ist Sonnegg im Besitz der Orsini-Rosenberg. Wie die Kupferstiche Merians und Valvasors zeigen, war die in Etappen erneuerte und erweiterte Burg im 17. Jh. eine der größten Unterkärntens mit mindestens sieben Türmen, der Verfall setzte bereits nach dem Erdbeben von 1690 ein.
Ein bequemer Fußweg führt auf die heute leider stark zerstörte und trotzdem sehenswerte **Ruine**. An den Grundmauern des manieristischen Torbaues mit Leiterwulst vorbei erreicht man die Hochburg mit der gut erhaltenen viergeschoßigen Palasostwand, an der man die Reste einer mittelalterlichen Halle mit Schwibbogen und Holztramdecke sowie sorgfältig ausgeführte Fenster- und Türgewände bewundern kann, während der Bergfried fast völlig verstürzt ist. Erst der Rundgang erschließt dem Besucher auch die östlich vor-

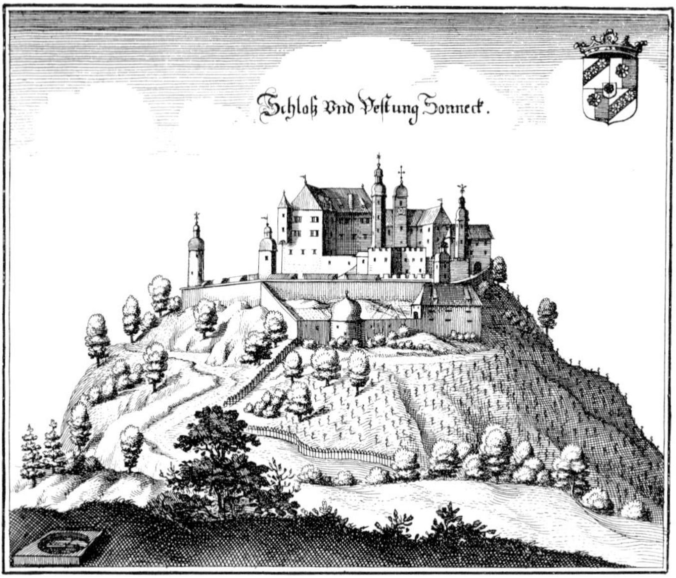

Schloß Sonnegg, Kupferstich aus: Matthäus Merian, Topographia provinciarum Austriacarum, Frankfurt a. M. 1649

gebaute Wehrmauer mit einem spätmittelalterlichen Rundturm. Am Fuße des Burghügels erstreckt sich in sonniger Südlage der langgestreckte, aus dem ehemaligen Meierhof entstandene Gebäudekomplex von **Schloß Sonnegg**. Wir passieren zunächst eine Reihe von Wirtschaftsbauten des 16. bis 20. Jhs., die heute das Forstamt beherbergen und tw. als Sommerwohnungen adaptiert wurden, wobei ein Kragsteinportal des 16. Jhs. erwähnt zu werden verdient. Das eigentliche Schloß am östlichen Ende ist ein typischer zweigeschoßiger Stöcklbau mit Walmdach vermutlich aus dem 17. Jh. mit einer Vorlaube aus der Zeit des Biedermeier. Ihm gegenüber erhebt sich die außen weitgehend schmucklose **Johanneskapelle**, ein frühbarocker Rechteckbau mit Satteldach und Flachdecke des 17. Jhs. An der nördlichen Außenmauer sind eine Inschrifttafel, die der Wiederinstandsetzung der Burg Sonnegg durch Johann Andreas von Rosenberg 1668 (Chronogramm) gedenkt, und ein weiterer Wappenstein des 17. Jhs. angebracht. Von der Innenausstattung ist neben dem Rokokoaltar (eigentlich eine Mensa mit kleinem Aufsatz) und den Betstühlen (alle um 1770 entstanden) hauptsächlich das hölzerne Modell der Rosalienstatue Switbert Lobissers von 1927 zu nennen, deren vergrößerte steinerne Ausfertigung in der Kapelle der Grotte am Hemmaberg liegt.

Die Polana taleinwärts überrascht den Besucher bald auf einem gegen Norden steil abfallenden Hügel nahe **Altendorf** in stolzer Lage eine bereits 1441 genannte **Andreaskirche**. Der kleine spätgotische Bau besitzt außen ein profiliertes Nordportal mit Kielbogen (Eselsrücken) und weist eine Außenkapelle mit einem Altar um 1700 auf. Im Inneren birgt die Kirche ein vierjochiges Netzrippengewölbe auf Wandpfeilern mit vorgestellten Halbsäulen. Der Hochaltar und rechte Seitenaltar stammen aus dem Hochbarock um 1720, die Kanzel und der linke Seitenaltar sind jünger.

Eine längere Seitenstraße bringt uns von Altendorf nach Osten auf den **Hemmaberg**, einen langgestreckten, nach Norden steil abfallenden Höhenrücken der Karawankenvorberge (843 m). Ein kurzer Fußweg vom Parkplatz an alten Stützmauern und Substruktionen vorbei führt uns zu einem Plateau knapp unterhalb des Gipfels, wo seit 1978 eines der beeindruckendsten spätantiken Pilgerheiligtümer Mitteleuropas mit insgesamt fünf Kirchen und zugehörigen Hospiz- und Wohnräumen des 5. bis 6. Jhs. freigelegt werden konnte: Eine Besiedlung des Berges ist seit der Jungsteinzeit (5.000 – 2.200 v. Chr.) anzunehmen, jedenfalls legten die Kelten hier noch vor der Zeitenwende ähnlich wie am Magdalensberg eine Dauersiedlung an, die nach der hier am Gipfel verehrten Gottheit Jovenat Juenna hieß und nach römischen Gewohnheiten wie Virunum nach der Eingliederung Norikums ins Römische Reich (45 n. Chr.) ins Tal verlegt wurde (> Globasnitz). Der Ort findet sich in der Tabula Peutingeriana, einer kopial überlieferten antiken Weltkarte. In den ersten Jahrzehnten des 5. Jhs. wurde aufgrund der unsicheren politischen Verhältnisse die Talsiedlung wieder aufgegeben und der Ort am Berg reaktiviert. Obwohl nie Bischofssitz, erlebte Juenna mit etwa 300 Bewohnern seit dem späten 5. Jh. eine ungeahnte kirchliche Blüte, wurde aber um 600 im Zuge der alpenslawischen Landnahme zerstört und nicht wieder besiedelt.
Das Ausgrabungsgelände ist frei zugänglich und durch Hinweistafeln vorbildlich erschlossen, wobei die zur Veranschaulichung der freigelegten Grundrisse in gleichmäßiger Höhe rekonstruierten Mauern durch eine Grasnarbe geschützt sind. Innerhalb der Mauern deutet weißer Marmorkies die Lage der Mosaikböden an, roter Kalksteinsplitt die Farbe des ursprünglichen Ziegelsplittestrichs und graugrüne Bruchsteinplatten die Lage von Gräbern, soweit deren ursprüngliche Deckplatten verlorengingen. Die Mosaiken und Kleinfunde sind im Museum in Globasnitz ausgestellt:
Der südwestlichste Teil der Siedlungsterrasse, von Resten einer Befestigungsmauer eingefaßt, barg Hütten für Wohnzwecke und für die Eisenverarbeitung (nicht konserviert). Vom Westen kommend, stehen wir zunächst vor dem ersten parallelen, etwas ver-

Blick über die frühchristlichen Ausgrabungen am Hemmaberg

setzten **Kirchenpaar**: die höhergelegene (24 m lang) mit querhausartigen seitlichen Anbauten, Vorhalle (Narthex) und einer Rundapsis ist durch ein ins Presbyterium eingelassenes annähernd quadratisches Becken als Taufkirche identifiziert worden, während die südliche mit Sakristei und nördlichem langgestreckten Hallenzubau als Gemeindekirche Verwendung fand (26,8 m lang). Südlich davon finden sich am bislang tiefsten ergrabenen Punkt Reste eines Pilgerhauses. Nordöstlich dieses Kirchenpaares aus der ersten Hälfte des 6. Jhs. erheben sich die Grundmauern der **ältesten Kirche** (2. H. 5. Jh.) ebenfalls mit Rundapsis, einer Reliquiengrube, Sakristei und einem bodenbeheizten Raum für Unterweisungen der Taufwerber auch im Winter; im Süden und Westen dieser Kirche wurden Gräber angelegt. Nördlich davon schloß schräggestellt ein großes **Pilgerhaus** mit mehreren Räumen an.

Am östlichsten Vorsprung der Terrasse gegen Globasnitz zu erhebt sich schließlich als bemerkenswerteste Bautengruppe das **zweite** parallel gesetzte **Kirchenpaar**: Nördlich eine Gemeindekirche mit einem Narthex, im Gemeinderaum (21,6 x 8,5 m) architektonisch abgegrenzt eine halbkreisförmige Priesterbank, davor der Altar und eine vorspringende Bühne für den Ambo. An diese Kirche schloß östlich eine rechteckige Sakristei und im Norden eine Zisterne an. Der südlich in geringem Abstand und etwas tieferliegend angebauten Memorialkirche war gegen Westen ein achteckiges Baptisterium mit einem in den Boden eingelassenen Taufbecken vorgelegt. Daran schloß ein von einem Säulengang umgebener Hof (Atrium) an, der in einen Vorraum führte. Erst danach öffnete sich der

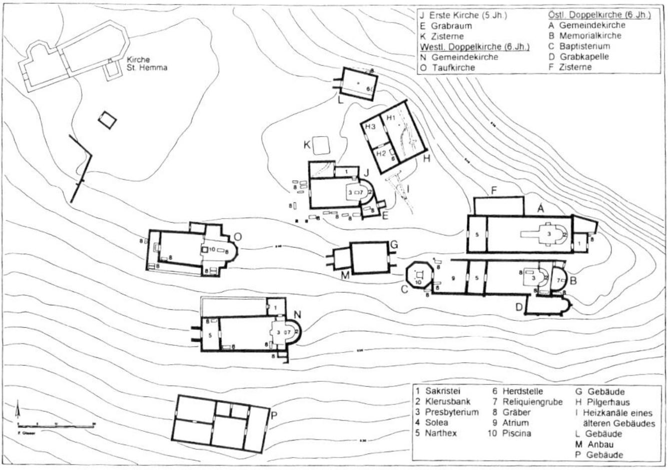

Lageplan des frühchristlichen Pilgerheiligtums am Hemmaberg (nach Franz Glaser)

eigentliche Kirchenraum (16,8 x 8 m) mit Priesterbank, Altar und einem baulich hervorgehobenen Reliquienloculus in der Rundapsis. Der Memorialkirche war südlich eine größere Grabkapelle mit eingezogener Rundapsis angebaut. Wegen der nahezu gleichzeitigen Errichtung beider Kirchenpaare in der ersten Hälfte des 6. Jhs. vermutet der Archäologe Franz Glaser hier das parallele Bestehen einer katholischen und arianischen Christengemeinde.
Den Berggipfel nimmt – vielleicht anstelle eines römischen oder noch älteren Kultplatzes – wie so oft in Kärnten und Krain eine **mittelalterliche Kirche** ein, die zwischen 1498 und 1519 erbaut und den Hll. Hemma und Dorothea geweiht wurde. Der Saalraum mit Polygonalapsis und südlich angefügtem Turm wurde im 17. Jh. gegen Westen erweitert, weswegen die Kirche heute gleichsam zwei Triumphbögen besitzt, mit einem neuen Gewölbe und im Norden mit einem 1681 geweihten Kapellenzubau zu Ehren der Pestpatronin Rosalia versehen. Neuerdings sind im Chor Wandmalereien der Spätrenaissance (Auferstehung Christi, Propheten und Heilige) aus dem Jahre 1619 freigelegt worden. Sehenswert sind die fünf vom Eingang aus kulissenartig gestaffelt erscheinenden Barockaltäre aus dem 17. Jh; an der Nordwand hängt ein Votivbild von 1601, das an den Sturz eines Bauernsohnes in die Rosaliengrotte erinnert. Am Triumphbogen ist eine geschnitzte Kreuzigungsgruppe der gleichen Zeit angebracht. Zur Ausstattung der Kirche gehören auch sechs barocke Tafeln mit der Legende der Hemma von Gurk (+ 1045, 1288 selig- und 1938 heiliggesprochen) von der Ermordung ihrer Söhne bis zur Darstellung ihrer Verehrung durch Hei-

lungssuchende – Kopien der spätgotischen Hemmatafeln im Gurker Dom. Sie waren ursprünglich in die gemalten Rahmen an der Chornordseite eingefügt.
Der Besucher darf neben dem prachtvollen Ausblick auf das Jauntal keinesfalls den Abstieg zur tieferliegenden **Rosaliengrotte** in romantischer Felskulisse versäumen. Die als Pestgelübde der umgebenden Dörfer und Nachbarschaften 1680 gestiftete Kapelle für eine bereits elf Jahre zuvor in Marburg angefertigte Statue ist nach steilem Abstieg schließlich wieder über einige Stufen bergauf, an einem bemerkenswerten spätmittelalterlichen Taufbecken mit Kopfreliefs (ähnlich dem der Kirche am Magdalensberg) vorbei, erreichbar. Im heutigen hölzernen Kapellenraum mit Dachreiter für eine Wunschglocke befinden sich eine liegende Sandsteinskulptur der hl. Rosalia nach einem Holzmodell von Switbert Lobisser aus dem Jahr 1927 sowie zahlreiche Votivbilder (Drucke).

Von den Ausgrabungen führt ein kurzer Fahrweg in den tiefergelegenen Gemeindehauptort **Globasnitz**. Die **Pfarrkirche** zu Ehren der Gottesmutter ist als Eigenkirche der mächtigen Junecker an die Kärntner Herzöge gefallen, von denen Ulrich III., letzter weltlicher Sproß der Spanheimer, 1265 den Eberndorfer Chorherren das Patronat übereignete. Das im Kern romanische Schiff erhielt am Ende des Mittelalters ein Schlingrippengewölbe; wegen der Verlängerung nach Westen im Jahr 1946 wirkt es sehr schlank. Der Chorraum ist hochgotisch (um 1400) und trägt an seiner Nordwand Fresken mit einer Reihe von Heiligenfiguren in zwei Schichten sowie nahe dem Altar eine Stifterinschrift mit dem Wappen des Balthasar von Weißpriach, die auf die Ausführung der jüngeren Bilderschicht durch den Völkermarkter Maler Peter Seyter im Jahre 1467 Bezug nimmt. An den Turm südlich des Chores ist eine Kapelle mit einem Oratorium im Obergeschoß angebaut; südlich des Langhauses befindet sich eine querrechteckige Kapelle mit einem hübschen Rokokoaltar um 1760 sowie einem Weihwasserbecken, das aus einem römischen Grabmal geschaffen wurde. Außen trägt die Kapelle einen auffallenden hl. Christophorus der jüngeren Vergangenheit. Aus dem späten 13. Jh. stammt wohl der zweigeschoßige romanische **Rundkarner** im Kirchhof nördlich der Kirche, dessen steiles Kegeldach mit Schindeldeckung einen hölzernen Dachreiter trägt und dem östlich eine hufeisenförmige Apsis angebaut ist. An der Südseite ist ein römischer Grabstein mit dem Kopfrelief einer Frau in einheimischer Tracht eingemauert (fr. 2. Jh. n. Chr.); rechts vom Portal sind verwitterte Wandbilder von Landsknechten aus dem 16. Jh. zu erkennen. Das Innere des kreuzrippengewölbten Obergeschoßes steht mit seinen Wandmalereien der Renaissance, die

Stifterfamilien mit zeittypisch hoher Kindersterblichkeit zum Inhalt haben und durch vegetabile Ranken ergänzt werden, ganz im Zeichen des Totengedenkens und der Hoffnung auf Auferstehung; in der Apsis finden wir Bildnisse der Erzengel Michael und Gabriel. Vor dem Karner erhebt sich eine spätgotische **Lichtsäule**, ein achteckiger Pfeiler mit Tabernakelaufsatz aus dem 16. Jh.
Westlich der ummauerten Kirche stehen an der hier platzartig erweiterten Straße drei römische Säulen, der Rest eines freigelegten Tempels. Es gilt heute als gesichert, daß sich die Talsiedlung Juenna weitgehend an der Stelle des Ortszentrums von Globasnitz oder knapp westlich davon befunden hat. Das alte **Schulhaus** von 1812, das 1878 aufgestockt wurde, birgt seit den sensationellen Ausgrabungen vom Hemmaberg als **Antikenmuseum** die wertvollsten Fundstücke: Reste der Mosaikböden, Bronze-, Glas- und Keramikfunde sowie ein Modell des Grabungsgeländes; im Garten vor dem Museum sind Grabmonumente aufgestellt.
Dem Museum und den Säulen fast gegenüberliegend überrascht den Besucher eine fast unwirkliche romantische Schloßanlage: Hinter einem Torbau mit Doppelturm, Gußerker und Kragsteinfries mit allerhand merkwürdigen Stuckornamenten, darunter auch Büsten, erhebt sich ein traumhaftes Gebilde wie aus Zuckerguß, bei dem Assoziationen mit Disneyland durchaus berechtigt sind. Mit dem von elf Türmchen, drei Erkern und 49 bleiverglasten Fenstern gezierten Gebäude, das innen eine Kuppel mit Spiegelapplikationen und kunstvoll verzierte Nußholztüren birgt, hat sich der Bauherr Johann Elbe seit nunmehr fast 25 Jahren in rund 30.000 Arbeitsstunden sein persönliches Märchenschloß **„Elberstein“** geschaffen, für dessen Besichtigung er auch eifrig wirbt.
Unweit der Straße auf den Hemmmaberg finden wir auf einer Rückfallkuppe in weitläufigem Gelände die verfallenen Reste der Burg **Feuersberg** mit höhergelegenem Turmbau, tieferliegendem Wohnbau und ausgedehnten Zwingeranlagen des 14. bis 16. Jhs. Die Burg war im 13. Jh. von den Spanheimern an die Heunburger, im folgenden Jahrhundert an die österreichischen Herzöge und später an die Ungnad und Jöbstl gekommen. 1641 erwarb Johann Andrä Freiherr von Rosenberg, dessen Nachkommen noch heute Feuersberg innehaben, die Herrschaft und vereinigte sie mit Stein und Rechberg zu einem Landgerichtssprengel. Im Talgrund gegen Süden orientiert liegt das zugehörige, aus der Meierschaft entstandene **Schloß**, ein zweigeschoßiges „Stöckl“ des 17. Jh., dessen Fassade 1781 erneuert wurde und das heute als Forsthaus genutzt wird.

Westlich von Globasnitz erhebt sich direkt am Fuße des Hemmaberges auf einem kleinen Hügel am östlichen Rand des Haufen-

„Schloß Elberstein“ in Globasnitz, straßenseitige Front

dorfes **Jaunstein** eine kleine Johanneskirche mit gotischem Chorpolygon, hölzernem östlichen Dachreiter und Vorlaube. Die hölzerne Kassettendecke wurde 1965 erneuert. Ausstattung und Einrichtung, von der die hölzerne Westempore mit ornamental bemalter Brüstung zu nennen ist, stammen großteils aus dem Barock.
Nördlich davon steht auf einem Hügel über der Straße nach Eberndorf das Magdalenenkirchlein von **Loibegg**, dessen Vorhalle eine Holzdecke mit Schablonenmalerei besitzt. Der Hochaltar stammt aus der Mitte des 18. Jhs., die Seitenaltäre sind rund ein Jahrhundert jünger.
Mitten im Dorf **St. Stefan** (auch unter Feuersberg genannt) erhebt sich, von einer Kirchhofmauer umgeben, deren Schießscharten noch ihre ursprünglich wehrhafte Funktion bezeugen, die schon 1296 als Pfarre bezeichnete Kirche. Das Kirchhofportal mit blechbeschlagener Tür wird von zwei Nischen flankiert, von denen die südliche einen Kruzifix mit Statuen der Erzmärtyrer Stefan und Laurentius birgt. Der spätgotische gleichfluchtige Bau mit kräftigem Westturm (13. Jh.?) besaß ein umlaufendes Wehrgeschoß, von dem noch eine Schlüsselscharte an der Nordwestecke erhalten geblieben ist. Römersteine u.a. für einen Ädilen (Bürgermeister) und für Soldaten an Kirche und Kirchhofmauer bezeugen die Wichtigkeit der nahen Römerstraße und die damalige hohe Kultur.
Das netzrippengewölbte Innere (lt. Inschrift am Triumphbogen aus dem Jahr 1516?, wobei der Polygonalchor etwas älter sein dürfte) birgt spätgotische Konsolköpfe, an der Nordwand des Schiffes ein Kreuzigungsfresko der Renaissance von 1575 sowie barocke Inschriften. Dem spätbarocken Hochaltar von 1763, u.a. mit einer

Statue des Prämonstratenserheiligen Norbert, stehen ältere Seitenaltäre um 1700 gegenüber.

St. Michael ob Bleiburg, die bereits 1106 urkundlich genannte Mutterpfarre des südöstlichen Jauntales, liegt am Fuße eines rund 70 m hohen isolierten Kogels. An der Südwestecke der umlaufenden Kirchhofmauer, durch den Autoverkehr in Mitleidenschaft gezogen, finden wir einen Nischenbildstock mit einer barocken Statue des Kirchenpatrons. Das zu klein gewordene Langhaus der Kirche wurde 1974/75 durch einen geräumigen, jedoch sehr biederen Neubau mit Holzdecke und Rundbogenfenstern ersetzt.

Die Friedhofskapelle von St. Michael ob Bleiburg

Beachtlich ist jedoch der hohe und große spätgotische Chor mit Maßwerkfenstern; er ist an der Südseite mit der Jahreszahl 1500 bezeichnet. Die Einrichtung besteht aus einem nachbarocken Hochaltar des späten 18. Jhs., einem barocken und einem neogotischen Seitenaltar. An der Südaußenmauer des mächtigen Westturmes mit neugotischem Obergeschoß ist eine moderne Priestergedenkstätte (u.a. mit umgedrehtem Kelch) zu nennen. In der Kirchenachse befindet sich östlich an die Kirchhofmauer angebaut eine hübsche offene Laubenkapelle der Biedermeierzeit mit geschnitztem Kruzifix und gemalten Assistenzfiguren, in die Nordostecke der Mauer wurde im 19. Jh. eine Totenkammer eingebaut.
Im Ort St. Michael sind noch die Wirtschaftsgebäude des an den Kirchhof östlich anschließenden Gasthofes zu erwähnen, u.a. ein umgebauter Stadel mit Ziegelgitterfenstern.
Am Gipfel des Kogels thront, vom Wald fast verborgen, das Kirchlein **St. Katharina**. Der urkundlich bereits 1404 erwähnte gotische Vorgängerbau brannte 1796 ab und wurde 1851 – 1857 in einem Mischstil aus gotischen und klassizistischen Elementen neu errichtet. Auffällig sind im Außenbau die Turmhaube sowie die mit Lisenen und Nischen aufgelockerte Westfassade. Das platzlgewölbte Innere mit Westempore birgt vier barockisierende Altäre aus der Bauzeit, das kostbarste Ausstattungsstück ist eine fast lebensgroße Steinplatik der Titelheiligen aus der Zeit der Hochgotik (3. V. 14. Jh.).

Der Wehrgang der Kirche von Wackendorf über dem Langhaus

In mehrfacher Hinsicht lohnt ein Abstecher nach **Wackendorf** am Fuße der Petzen. Die dortige Martinskirche geht in ihrem heutigen äußeren Erscheinungsbild großteils auf einen Wiederaufbau

Wegkreuz in Feistritz ob Bleiburg

nach den Türkeneinfällen des späten 15. Jhs. zurück. Ein angebliches Gründungsdatum von 1272 (lt. Chorschlußstein) ist fraglich. Der spätgotische Bau birgt hinter den gleichfluchtig über Langhaus und Chor durchlaufenden Außenmauern einen Wehrgang mit Schießscharten, die mit vorhangbogigen Fenstern wechseln. Der echte „Campanile“ nördlich des Chores ist – obwohl wir uns hier im einstigen Wirkungsbereich des Patriarchen von Aquileja befinden – irreführend, denn der alte, an den Chor angebaute Turm stürzte 1970 ein und wurde durch einen etwas abgerückten neuen ersetzt. Durch ein verstäbtes Portal betritt man das netzrippengewölbte

Der Turm des Kirchleins St. Katharina oberhalb von St. Michael ob Bleiburg in oberitalienischen Stilformen

Innere. Der korbbogige Triumphbogen, flankiert von zwei spätgotischen Plastiken der Hll. Martin und Ulrich anstelle von Seitenaltären, führt in den polygonal geschlossenen Altarraum aus der ersten Hälfte des 15. Jhs., dessen Wände mit bemerkenswerten

Wandmalereien aus der Bauzeit geschmückt sind: Wir entdecken im Westen das Jüngste Gericht, an der Nordwand das Martyrium der hl. Ursula, dann verschiedene Heilige, im Süden u. a. den Eremiten Anton („Sautoni"). Während der heutige Hochaltar von J. M. Sotari aus St. Michael stammt, wurde der frühere in die barocke nördliche Seitenkapelle übertragen.
An der Abzweigung nach Pirkdorf ist eine beachtliche, unlängst renovierte **Wegkapelle** mit gotisierenden figuralen und ornamentalen Malereien festzuhalten.
Inmitten des Haufendorfes **Hof**, in dem die durchfließende Feistritz reizvolle Perspektiven schafft, steht die zumindest ins 13. Jh. zurückreichende, wohl auf eigenkirchlichen Wurzeln fußende Filialkirche St. Nikolaus mit massivem Nordturm und achteckigem Schindeldach. Auffallend ist die tiefe offene Vorhalle mit umlaufenden Steinbänken, links vom Portal ist ein römischer Porträtgrabstein eingemauert. Auf das flachgedeckte kurze Langhaus folgt ein Polygonalchor mit Netzrippengewölbe. Der linke Barockaltar zeigt eine Darstellung der hl. Gertrud (19. Jh.), der rechte ist, obwohl älter, mit einer Widmungsinschrift von 1747 versehen. Die Südwand birgt in einer Nische eine Pietà.
Vor dem Zusammentreten des Libitsch mit den Ausläufern des Kömmel passieren wir die sorgfältig restaurierte Bautengruppe von **Sorgendorf**: Das spätmittelalterliche Lehensgut der Herrschaft Bleiburg wechselte bis zu Hans Stich im Jahre 1629 öfters die Besitzer. Seine Familie erhielt 1636 die Kärntner Landstandschaft, 1715 die Freiherrenwürde. Durch Adoption des letzten männlichen Nachkommen der Stich (+ 1794) kam Sorgendorf an die Familie von Metnitz und befindet sich seit 1867 im Besitz der Grafen von Thurn-Valsassina. Diese gründeten eine Brauerei, die 1921 von der Gösser Brau AG übernommen wurde und 1991 unter lebhaftem Protest der Bevölkerung zusperrte. Seitdem werden **Sudhaus** und **Maschinenhalle** über Initiative des ortsansässigen Künstlers Franz Brandl als Ausstellungs- und Veranstaltungsräume eifrig genutzt.
Das hoflose rechteckige Herrenhaus des 16. oder 17. Jhs., unter den Stich und ihren Nachfolgern mehrfach umgestaltet, steht zwischen Fabriksbauten und einem langgestreckten Werksgebäude des frühen 20. Jh. mit sezessionistischem Dekor.

Im Loibachtal stehen kurz nacheinander bachaufwärts drei Gotteshäuser, die alle gleichzeitig 1481 als Filialen von Bleiburg erstmals genannt werden: Die Pfarrkirche St. Andreas zu **Unterloibach** ist ein im flachen Gelände errichteter spätgotischer Bau aus der Zeit unmittelbar vor den Türkeneinfällen (an der Chorschlußwand bez. 1472), dessen Langhaus mit Netzrippengewölbe

jedoch 1890 um drei Joche nach Westen verlängert wurde. Freunde der Frömmigkeit des 19. Jhs. kommen hier beim Hochaltar, der Kanzel und den beiden Seitenaltären (bez. 1894 und 1912) im Stile des Neubarock auf ihre Kosten. Der **Friedhof** birgt seit 1947 ein Denkmal mit einer trauernden Allegorie Kroatiens in Erinnerung an die über die Grenze auf die **„Gmanwiese"** geflüchteten Ustascha-Soldaten, die samt Familienangehörigen am 14. und 15. Mai 1945 von den Engländern an Titojugoslawien ausgeliefert wurden.
St. Bartholomäus in **Oberloibach**, ebenfalls im flachen Gelände errichtet, ist in seiner Bausubstanz älter, insbesondere der mächtige Südturm (13. Jh.?). Hier wurde das flachgedeckte Langhaus schon im Barock gegen Westen verlängert und erhöht (bez. 1704). Auch der Chor zeigt mit seiner Pilastergliederung barocke Bautätigkeit. An der Einrichtung sind die beiden frühbarocken Seitenaltäre (bez. 1655) durch ihre Schnitzplastiken bemerkenswerter als der jüngere Hochaltar (um 1730) mit einer jedoch gleichfalls älteren Bartholomäusdarstellung.
Der Besucher sollte einen Abstecher in die **Galerie Falke** nicht versäumen, wo seit 1989 Gedächtnis und Nachlaß des aus Westfalen zugewanderten Malers Hermann Falke (1933 – 1986) durch seine engagierte Witwe gepflegt werden und immer wieder Ausstellungen, Workshops, Lesungen und Konzerte in- und ausländischer Künstler stattfinden.
Auf einem kleinen Hügel abseits des Ortes am Weg zum Grenzübergang Raunjak erhebt sich schließlich **St. Georgen**, ein kleines gotisches Kirchlein, dessen flachgedecktes Langhaus in der Barockzeit nach Westen verlängert wurde, wie die Zackenfriesmalerei an den Seitenwänden dokumentiert. Im spätgotischen Chor ruht das Netzrippengewölbe auf meisterhaften Konsolen in Kopfform, an den Wänden sind gemalte Ornamentkreise angebracht. Auch hier finden wir eine originelle frühbarocke Ausstattung; der Hochaltar von 1656 birgt spätgotische Statuen des hl. Josef und der Maria, der linke Seitenaltar von ca. 1660 im zeittypischen Knorpelwerk Schnitzarbeiten mit der hl. Sippe.

Vom Hotel Petzenkönig südlich von Feistritz ob Bleiburg erreichen wir mit einer Seilbahn die 1622 m hoch gelegene Bergstation Siebenhütten. In ihrer Nähe wurde zwischen 1976 und 1981 nach Plänen von Hermann Wetschko die **Petzenkapelle** zu Ehren der hl. Anna und des hl. Hubertus errichtet, ein trotziger, talseitig wachsender Betonbau mit offenem Dachstuhl und Glockentürmchen. Von hier haben wir einen wunderbaren Ausblick auf einen Großteil des Jauntales und der Umgebung von Völkermarkt.

Den Kömmel entlang – von Bleiburg bis Leifling

Gemeinden Bleiburg und Neuhaus

Dort wo die Ausläufer des Kömmel und der Höhenrücken des Libitsch nahe zusammentreten, ist in geschützter Lage die Stadt **Bleiburg** entstanden. Eine erste, anläßlich der Erbregelung der Söhne Hildegards von Stein bereits kurz vor 1000 bezeugte Siedlung hieß noch „Liupicdorf". Der Name der dann im 12. Jh. von den Grafen von Heunburg erbauten und 1226 erstmals urkundlich genannten Bleiburg erinnert an die bis ins 20. Jahrhundert ausgebeuteten Bleivorkommen der Umgebung. Unter Graf Ulrich III. (1256-1308), der ein eigenes Herzogtum anstrebte, aber den Habsburgern bzw. den Grafen von Görz-Tirol, ihren Parteigängern, unterlag, wurde sogar der Hauptsitz der Heunburger Herrschaften von der gleichnamigen Burg bei Völkermarkt hierher verlegt. Nach dem Aussterben der Heunburger 1322 kamen Burg und aufstrebende Marktsiedlung an die Aufensteiner, die Macht und Besitz nach einer Rebellion gegen die Habsburger jedoch verloren. Diese verliehen Bleiburg aufgrund dabei erlittener Schäden im Jahre 1370 ein Stadtrecht nach St. Veiter Vorbild und 1393 das Wiesenmarktprivileg für den noch heute bedeutendsten Jauntaler Jahrmarkt mit dem Charakter eines Volksfestes. Bleiburg genoß in der Folge auch eine gewisse Bedeutung im Eisen- und Salztransit, doch blieben Gewerbe und Wirtschaft regional beschränkt, und ein erster Wochenmarkt wurde erst unter Maria Theresia 1752 verliehen. Die Schienenstahlproduktion von Prävali (Prevalje), der Kohlenbergbau im Mießtal und bei Oberloibach sowie der Südbahnanschluß 1863 brachten im 19. Jh. einen Aufschwung, doch bewirkten Erster Weltkrieg, die nachfolgende rund zweijährige jugoslawische Besetzung der Stadt von 1918 bis 1920, vor allem aber der Verlust des Mießtales einen schweren Rückschlag. Erst 1964 konnte die Jauntalbahn in Betrieb genommen werden; mittlerweile profitiert die Stadt von der steigenden Kaufkraft Sloweniens.

Obwohl in den letzten Jahrzehnten stark gewachsen, so hat doch Bleiburg den Charakter einer gewerbsfleißigen Ackerbürgerstadt bewahren können. Die älteste hochmittelalterliche Siedlung schmiegte sich westlich in einem leichten Bogen um den Burgberg (die heutige Postgasse). Im 13. Jh. entstand der gegen Westen zur Feistritz leicht abschüssige Hauptplatz, an dessen nördliche Hausparzellen direkt die mittelalterliche Stadtmauer – in Teilen noch erhalten und mittels eines Promenadenweges gut zu erwandern – anschloß. Südlich führen vom Hauptplatz drei gekrümmte Straßen vom Hauptplatz weg, die sich vor dem einstigen Gutensteiner Tor (Gutenstein im Mießtal, heute: Ravne na Koroškem) vereinigten.

Der Schloßberg von Bleiburg

Der rund 200 m lange **Hauptplatz** (10. Oktober-Platz), früher an beiden Enden durch Stadttore abgeschlossen, bildete seit jeher das bürgerlich-gewerbliche Zentrum der Stadt. Das markante Haus am oberen Abschluß – die Apotheke in einem gründerzeitlichen Villenbau – beherbergte aber im Gegensatz zu anderen landesfürstlichen Städten wie Völkermarkt weder Stadtherrschaft noch -verwaltung; das Rathaus – ein Neubau der sechziger und achtziger Jahre – nimmt stattdessen die Südostecke ein. Von den Bürgerhäusern, die zwar im Kern bis ins 16. Jh. zurückreichen, aber meist Fassaden des 19. Jhs. (Biedermeier und Historismus) besitzen, ver-

Kiki Kogelnik, Der Freyungsbrunnen am Hauptplatz von Bleiburg

dient das Haus Nr. 4 durch die 1968 begründete, 1997 renovierte und erweiterte **Werner Berg-Galerie** der Stadt Bleiburg besondere Erwähnung. Der im Ruhrgebiet geborene Maler (1904 – 1981), der seit den Dreißigerjahren am Rutarhof bei Gallizien lebte und hier in seinen expressiven Ölbildern und Holzschnitten der Landschaft und ihren bäuerlichen Bewohnern ein bleibendes Denkmal setzte, stiftete selbst eine große Zahl an Bildern und Grafiken für diese Schausammlung. Der kunstinteressierte Lebzelter Gottfried Stöckl bewog die Stadt dazu, im Hause eine Galerie einzurichten und betrieb unermüdlich dessen Renovierung und Adaptierung. Während sich in den Untergeschoßen die Dauerausstellung befindet, können im museal zweckmäßig ausgebauten Dachboden wechselnde

Themenschwerpunkte gesetzt werden, etwa über Bergs Tätigkeit als Kriegsmaler an der Eismeerfront.
Kiki Kogelnik (1935 – 1997), einer international angesehen und mit ihrer Heimatstadt Bleiburg untrennbar verbundenen Künstlerin – sie gilt als Österreichs profilierteste Vertreterin der **Pop-Art –**, verdankt die Stadt die Errichtung des **Freyungsbrunnens**. Kiki Kogelnik schuf dieses Kunstwerk am Hauptplatz aus Gummerner und Krastaler Marmor, schwarzem Stein und Bronzeguß 1993/94 zum 600-Jahr-Jubiläum des Bleiburger Wiesenmarktes. Der Brunnen wurde am 4. Juli 1994 festlich eingeweiht.
Die **Pestsäule** in der Platzmitte ließ die Bürgerschaft aus Anlaß der überstandenen Pestepidemie von 1715/16 allerdings mit beträchtlicher Verspätung 1724 errichten! Im Sockel ruht in einer Grotte Rosalia, die Säule mit der Maria Immaculata wird heute nur mehr von zwei Statuen des Pestpatrons Sebastian und des Jesuitenmissionars Franz Xaver begleitet.
Am Westende des dort eng zusammentretenden Platzes fällt das Gasthaus „Zur Krone“ mit turmartigem Vorsprung auf, das Reste einer Rokokofassade mit dem Stuckwappen der Herren von Stich aufweist, die im 17. und 18. Jh. auch das benachbarte Gut Sorgendorf besaßen.
Die **Pfarrkirche** zu den Apostelfürsten Petrus und Paulus, in ihrem äußeren Erscheinungsbild durch eine neogotische Fassade mit Bogenfries und zweiachsiger Vorhalle bestimmt, geht im Kern ins 13. Jh. zurück, als ein Heunburger der älteren Mutterpfarre St. Michael vorstand. Der mächtige Turm ist südlich angefügt; innen wird die Kirche durch einen unregelmäßigen „einhüftigen“ Umbau des frühen 16. Jhs. bestimmt: Dabei wurde das Langhaus verlängert und ein etwas schmäleres Nordschiff angebaut. Unterschiedliche Stern- und Netzrippen (im Chorschluß bez. 1512) überziehen alle Gewölbe; die kleinteilige Unterwölbung der Westempore ruht auf gebündelten Runddiensten. Im gegenüber dem Hauptschiff gleichfluchtigen Langchor finden wir ein gemaltes Epitaph der Renaissancezeit (1580) mit knieendem Ritter, zwei Joche weiter östlich eine Marienkrönung gleicher Entstehungszeit. Die Einrichtung besteht aus einem Wechsel barocker und historistischer Altäre, stilistisch dazwischen liegt die frühklassizistische Kanzel. In der südlichen Vorhalle befindet sich ein Votivbild des 19. Jhs. mit einem von der Kirche abgewendeten Brand.
Nur ein Stück weiter südwärts, am 1834 umgebauten Pfarrhof vorbei, erhebt sich das stattliche Gebäude des **Bezirksgerichtes** (neufassadiert und umgebaut 1840). Der gebürtige Bleiburger Johann Erasmus Kumesch, zuletzt Stadtpfarrer von Gmünd und Archidiakon von Oberkärnten (1688 – 1762), stiftete testamentarisch eine

hohe Summe für den Ausbau des seit dem 16. Jh. nachweisbaren **Bürgerspitals**, wobei sich das der Stadt zufallende Erbe zuletzt auf rd. 52.000 fl. belief. So konnte 1766 nordseitig auch eine anmutige **Kapelle** zu Ehren seines Namenspatrons Erasmus angefügt werden, die – nach längerer Verwahrlosung und Verwendung als Lagerraum – im Jahre 1967 gegen die Verpflichtung zur Erhaltung der örtlichen evangelischen Kirchengemeinde geschenkt wurde und neuerdings für niveauvolle Kulturveranstaltungen der Stadtgemeinde (Konzerte etc.) genutzt wird.
Die schmucklose Fassade mit Türmchen verbirgt ein reizvolles Inneres: Pilaster tragen die dreijochige Tonne mit Stichkappen, dazu eine Ostempore mit geschnitztem Brüstungsgitter. Die einheitliche Freskierung um 1766 zeigt in zwei Medaillonfeldern die Martyrien des Kapellenpatrons Erasmus und des Alexius; in den Stichkappen finden wir die Tugenden Patientia (Geduld) und Caritas (helfende Liebe), an der Emporenbrüstung eine hübsche Rokokolandschaft mit der hl. Notburga. Aus der Bauzeit stammt auch die einheitliche Einrichtung, am Altar seitlich finden wir die seltene Darstellung des Johannes von Gott, dem Gründer der Barmherzigen Brüder; zu beachten ist auch ein Leinwandbild aus der Bauzeit, das den Stifter mit einem Bauplan zeigt.
Entlang der **Postgasse** mit dem stattlichen alten Postgebäude aus dem frühen 19. Jh. erreichen wir die **Bahnhofstraße**, in der nach 1863 eine unregelmäßige gründerzeitliche Verbauung erfolgte (beachtenswert ist etwa der sog. Steinberger Hof Nr. 8 aus dem späten 19. Jh.). Im Osten erstrecken sich die ausgedehnten und geräumigen Thurnschen Meierschaftsgebäude aus dem 19. Jh., westseitig das Volksschulgebäude von 1908 – 11 und diesem gegenüber der Park der Freiwilligen Schützen.
Im Norden des Stadtzentrums unterbricht die **Stadtmauer**, an der auch noch ein Rundturm des 15. Jhs. erhalten geblieben ist, die Verbauung. Denn daran schließt die Festwiese an, wo seit 1393 jährlich Anfang September unter dem Schutz der aufgepflanzten Freyung (einem auf eine Stange aufgepflanzten Arm mit Schwert) der Wiesenmarkt stattfindet. Der **Friedhof** nordwestlich außerhalb der Stadt wurde in der zweiten Hälfte des vergangenen Jahrhunderts mit einem Kapellenbau von 1899 angelegt. Wer aber an Architektur der Zwischenkriegszeit interessiert ist, sollte das 1928/29 erbaute, sorgfältig restaurierte **Freibad** im Süden der Stadt nicht versäumen.
Wir wandern durch die Schloßgasse an dem Wandbild eines Türkenhauptmannes (Türkeneinfälle in Kärnten) vorbei zur namengebenden **Bleiburg**. Franz Brandl schuf dieses Bild in Erinnerung an ein barockes Fresko, das sich ursprünglich am alten Rathaus

Einersdorf, Pfarrkirche gegen Osten

Einersdorf, Pfeilerstadel mit volkstümlicher und farbenfreudiger Ornamentik

befand. Erbaut im 12. Jh., wurde sie in der zweiten Hälfte des 13. Jhs. gleichsam zur Residenz der Grafen von Heunburg. Unter den Habsburgern war sie verpfändet oder an Pfleger ausgegeben und befindet sich seit 1601 in ununterbrochenem Familienbesitz der Grafen Thurn-Valsassina, die sich vom alten Mailänder Geschlecht della Torre herleiten, später in Krain und

Die Wallfahrtskirche Heiligengrab bei Schilterndorf von der Straße aus gesehen

Görz begütert waren und einen Papst sowie mehrere Patriarchen von Aquileja stellten. Von der mittelalterlichen Burg ist nur mehr die Grundform der Anlage – ein unregelmäßiges Polygon um den Hof – erhalten, denn unter den Thurn erfolgte in der ersten Hälfte des 17. Jhs. schrittweise ein repräsentativer und wohnlicher Umbau im Stile der Spätrenaissance bzw. des Manierismus.
Das südliche Hauptportal mit Rustikaumrahmung ist mit 1606 bezeichnet, und an der Südostecke ist der Fassade die zweijochige **Kapelle** zu Ehren des Apostels Paulus mit Chorpolygon und Kreuzgratwölbung angebaut. Sie wurde bereits von den Aufensteinern 1346 gestiftet, von den Grafen Thurn jedoch nach 1601 weitgehend neuerrichtet; Reste figuraler Gewölbemalerei des 17. Jhs. finden sich im Westteil. Neben den beiden Barockaltären ist besonders ein großes Bronzeepitaph des Wolf von Thurn von 1595 (von den Franzosen aus Laibach verschleppt und später aus Privatbesitz zurückgekauft!) und ein kleines Messingepitaph von 1618 zu nennen.

Im unregelmäßigen Hof verdient der Osttrakt mit Erdgeschoßarkaden und darüberliegenden gekuppelten Renaissancefenstern Erwähnung. Schon im Stiegenhaus begegnen uns Fresken mit Jagdwilddarstellungen des frühen 17. Jhs. Die herrschaftlichen Repräsentationsräume in den Obergeschoßen besitzen Rankenwerk- und Bandlwerkstuck aus dem ersten Viertel des 18. Jhs., sind vorzüglich möbliert (17. – 19. Jh.) und tw. mit Gobelins aus dem Beginn des 17. Jhs. sowie gemalten Tapeten um 1780 versehen. Im zweiten Obergeschoß des Nordflügels ist der Bibliothekstrakt mit einer Kassettendecke und intarsierten Türen des frühen 17. Jhs. (aus Schloß Landskron) untergebracht.

Ein kleiner Abstecher durch das Schloßtor oder in Richtung Grablach und dann vor dem Grenzübergang links abzweigend führt uns nach **St. Margarethen** am Kömmel. Die 1430 erstmals genannte Bleiburger Filialkirche in südlicher Hanglage ist heute ein weitgehend einheitlicher Neubau aus der Mitte des 17. Jhs. mit flachgedecktem Langhaus. Die altertümliche Wirkung durch einen mächtigen Westturm und ein Netzgratgewölbe im Chorpolygon ist in dieser Zeit öfters zu beobachten. Die Altäre stammen aus dem ausgehenden 17. Jh.

Etwas außerhalb von Bleiburg liegt die Feistritz abwärts **Einersdorf**, in dessen slowenischer Namensform Nonča ves (Nonnendorf) noch die Erinnerung an langjährigen Rustikalbesitz des Frauenklosters St. Georgen am Längsee weiterlebt. Die 1480 erstmals genannte **Kirche** zu Ehren Mariä Himmelfahrt ist nicht nur eine Filiale von Bleiburg, sondern beherbergte zeitweilig auch den städtischen Friedhof. Freigelegte romanische Trichterfenster bezeugen das hohe Alter der Schiffmauern, die in der Barockzeit erhöht wurden. Der gotische Chor aus dem späten 14. Jh. ist gegenüber dem Langhaus etwas höher und breiter ausgeführt. Wohl gleichzeitig wurde auch der schlanke Turm errichtet.

Der größte Schatz der Kirche ist der 1913 bzw. 1963 freigelegte Freskenzyklus im Chor aus dem frühen 15. Jh.: an der nördlichen Triumphbogenwand die Hl. Anna selbdritt mit Stifterfamilie, an der Chornordwand die Disputation und Einkerkerung der hl. Katharina von Alexandrien, eine Szene aus dem Leben des hl. Thomas sowie die Madonna zwischen Petrus und Katharina; an der Chorsüdwand Zug und Anbetung der Hlg. Drei Könige (davon die Hälfte nur als Vorzeichnung erhalten); die Gewölberippen sind marmoriert und von Ornamentstreifen begleitet. Derselbe „Meister von Einersdorf" hat eine ganze Reihe anderer Kirchen der Umgebung in Kärnten, der Steiermark und Sloweniens ausgemalt. An der Nordwand des Langhauses sind etwas jüngere Szenen aus dem

Jesusleben von der Verkündigung bis zur Flucht nach Ägypten erhalten geblieben (um 1470/80), z. T. aber beim Einziehen eines frühbarocken Stichkappengewölbes durch Wandpfeiler verdeckt worden. Von der Austattung verdienen auch die qualitätsvolle hochgotische Steinfigur der Madonna (ca. 1340/50) und drei jüngere weibliche Holzstatuen (fr. 16. Jh.) im barocken Hochaltar genannt zu werden; auch ein Kruzifix im Langhaus stammt noch aus dem 15. Jh.

Auf einem isolierten Hügel bei **Schilterndorf** haben die Grafen Thurn-Valsassina als Inhaber der Herrschaft und die Bürger von Bleiburg von 1761 – 1765 durch den Neubau der **Heiligengrabkirche** ein anschauliches Beispiel spätbarocker Volksfrömmigkeit geschaffen. Schon im 17. Jh. bestand hier eine Lorettokapelle, bis ein alter Bleiburger Kaplan aufgrund seines unermüdlichen Wirkens die Mittel für den repräsentativen Bau auftreiben konnte. Der heutige Zielpunkt des **Dreibergelaufs** besitzt eine einfache, weithin sichtbare Doppelturmfassade mit sparsamer Wandgliederung durch Lisenen und Kapitelle ohne barocke Dynamik. In den vortretenden drei Konchen des Ostteils kehrt wie auch andernorts in Kärnten (Kappel i. Krappfeld, Lavamünd) das Motiv des Salzburger Dombaues wieder, das allerdings durch die außen nur in der Laterne vortretende Mittelkuppel abgeschwächt wird. Über dem Westportal finden wir ein rundes Wandbild mit der Grablegung Christi.

Das lichtdurchflutete Innere wird durch die Hängekuppel und die seitlichen Konchen bestimmt, deren östliche als Apsisjoch etwas vertieft ist und von Oratorien (erhöhten seitlichen Gebetsräumen) begleitet wird. Die Wände sind durch Blendbögen gegliedert, im Westen setzt die vorschwingende Westempore den Akzent. Die größte Wirkung geht jedoch von den szenischen und ornamentalen Malereien an den Wänden und Gewölben aus. Nur die der Kuppel stammen aus der Bauzeit (von Johann Franz Kleinegger 1765), während die im Chor und Langhaus erst 1914 durch Oswald Bierti angepaßt wurden (lt. Spruchband auf der Emporenbrüstung).

Aus der Bauzeit stammt auch die qualitätsvolle Ausstattung – der Hochaltar mit einer hochwertigen Schnitzgruppe Christi am Kreuz und Assistenzfiguren sowie einem vergitterten Heiligen Grab in der Altarmensa; die Bilder der Seitenaltäre mit den „Dienstbotenheiligen“ Notburga und Isidor stammen von Johann Andreas Strauß aus Windischgraz (Slovenj Gradec). Auf der Kanzel finden wir dem Inhalt der Frohbotschaft gemäß den auferstandenen Christus und somit die versöhnliche Antwort auf den sonst tragischen Grundton dieser Kalvarienbergkirche.

Vor der Kirche steht aus derselben Zeit eine Kreuzwegkapelle mit geschwungenem Giebel, in den drei Nischen befinden sich der

Der Florianialtar in der Vorhalle der Pfarrkirche von Rinkenberg

Gekreuzigte zwischen Engeln sowie seitlich dekorative orientalische Gestalten, die ursprünglich wohl eine andere Funktion hatten.

Westlich von Schilterndorf erhebt sich der **Rinkenberg**. Nahe seinem östlichen Abhang erhebt sich am Rande des gleichnamigen Haufendorfes, von einer Kirchhofmauer umgeben, die Pfarrkirche **St. Florian**. Wohl aus einer Eigenkirche entstanden und schon 1251 als Pfarre bezeichnet, kam sie über die Junecker und Spanheimer unter landesfürstliches Patronat. Der spätgotische Bau mit Nordturm und Christophorusfresko (19. Jh.) an der Chorsüdwand

besitzt eine ungewöhnlich geräumige Vorlaube mit gemauertem Kanzelkorb im Westen (dem Portal gegenüber) und Resten einer schablonierten Holzdecke; ihr Florianialtar stammt aus der zweiten Hälfte des 17. Jhs.
Das zweijochige Langhaus (über dem Triumphbogen bez. 1522) hat ein Sternrippengewölbe auf Wandvorlagen mit Runddiensten und eine netzrippenüberwölbte Westempore mit Maßwerkbrüstung. Diese ist durch ein verstäbtes Portal und eine gotische Wendeltreppe zu betreten. Der niedrige Chor ist, wie das Kreuzrippengewölbe erkennen läßt, älter (14. Jh.); der spätgotische Taufstein besitzt noch ein Meisterzeichen.
Im Chor finden wir reiche Wandmalereien des Meisters von Einersdorf (fr. 15. Jh.); Hochaltar (bez. 1749) und Seitenaltäre (3. V. 18. Jh.) entstammen dem Spätbarock.

Westlich des Rinkenberges steht mitten im Dorf **Rinkolach** auf grünem Wasen die 1420 erstmals genannte Filialkirche **St. Oswald**. Der südlich ans Langhaus angebaute Turm mit seinen großen Doppelarkaden im Glockengeschoß dürfte aus dem 13. oder 14. Jh. stammen. Das (romanische?) Langhaus besitzt eine flache Holztonne mit einer gemalten Marienkrönung um 1900; ein rundbogiger Triumphbogen führt in den kreuzrippengewölbten Chor (um 1400?).

Der bemerkenswerte Pfeilerstadel mit Ziegelgitterornamentik beim Pregelhof, Oberdorf (2. Hälfte 19. Jh.)

Sehenswert ist die malerische Ausstattung: in der Triumphbogenlaibung Ornamentstreifen, im Chor Fresken des frühen 15. Jhs. vom „Meister von Einersdorf“ (an der Nordwand der Zug der Heiligen Drei Könige, während die Anbetung des Kindes durch neugotische Fenstereinbauten zerstört wurde). Seitlich der Chorfenster finden wir Heilige, darunter Apostel-Medaillons. Der thronende Christus im Gewölbe („Majestas“) ist umgeben von Evangelisten und Engeln – ein letztlich romanisierendes Programm. Der spätbarocke Hochaltar von 1772 birgt eine Strahlenkranzmadonna, die Seitenaltäre sind frühbarock aus der Zeit um 1660/70.

Bevor sich die Feistritz auf ihrem Weg zur Drau in die Terrassenlandschaft der Dobrowa tiefer einzugraben beginnt, liegt am Südrand des Haufendorfes **Aich** die wohlerhaltene romanische Kirche **St. Sebastian**. Das rechteckige Langhaus und die eingezogene Rundapsis stammen wohl noch aus dem 12. Jh.; die typische hölzerne Vorlaube und der östliche Dachreiter entsprechen, obwohl seitdem erneuert, ebenfalls den lokalen mittelalterlichen Baugewohnheiten. Bemerkenswert ist die Vermauerung der älteren hochgelegenen Trichterfenster anläßlich des Ausbrechens größerer ebenfalls noch zur Zeit der Romanik(?). Bekannt ist die Kirche auch wegen ihrer patronierten (mit Schablone bemalten) hölzernen Flachdecke und der ebenfalls bemalten Holzempore mit einer Stifterinschrift von 1593. In der Apsis ist vor rund 35 Jahren eine Kreuzigung mit Assistenzfiguren und einem Stifterpaar aus dem 13. Jh. freigelegt worden.
In einiger Entfernung nördlich abseits des Dorfes liegt nahe der Feistritz die gleichfalls romanische Kirche **St. Luzia**, eine Zwischenstation beim Dreibergelauf. Sie besitzt eine Vorlaube, einen barockisierten Nordturm mit älterem Kern (?), romanische Langhausfenster an der Südseite sowie einen Polygonalchor mit Wandvorlagen. Innen finden wir eine barock schablonierte Flachdecke des späten 17. Jhs. mit figuralen und ornamentalen Feldern (Maria, Heilige, Stifter, Engelköpfe und Füllhörner). Der barocke Altarraum besitzt Stuckrippen und eine pilastergegliederte Apsiswand. Das rechte Blatt der spätbarocken Altäre um 1770 wird J. A. Strauß zugeschrieben; in der Seitenkapelle hängt ein Tafelbild des Bethlehemitischen Kindermordes mit üppigem Barockrahmen um 1720.
Auf dem bewaldeten Hügel über **Oberdorf** lag einst die 1212 urkundlich genannte **Burg Schwabegg**, die später nur mehr als Turm bezeichnet wurde und von der heute nur mehr die ehemalige Burgkapelle **St. Georg** erhalten geblieben ist. Das Schiff ist wohl romanisch mit einer flachen Kassettendecke und Schablonenmalerei (Rosetten) aus der zweiten Hälfte des 17. Jhs.; die

barocke Stichkappentonne des gleichfluchtigen Chores stammt von 1714, der Zwiebelurm von 1765. Bemerkenswert sind die freigelegten Wandmalereien des späten 13. Jhs. an der südlichen Schiffwand über dem romanischen Trichterfenster (Inschrift) und an der Triumphbogenwand: eine thronende Maria mit Kind und seitlich kniende Stifter mit Spruchbändern. Die Altäre stammen aus dem 18. Jh.; der rechte von 1770 besitzt ein Altarblatt von J. A. Strauß.
Am Südrand von Oberdorf verdient der **Pregelhof** (Nr. 20) Beachtung, ein typisches Kärntner „Stöckl“ in biedermeierlicher Erscheinungsform. Hier wuchs der bedeutende Komponist Anton von Webern (1883 – 1945) auf, dessen Vater Carl das Gut besaß und in Kärnten als Bergbauingenieur wirkte.
Über dem Steilabfall zur Drau liegt nördlich etwas abseits der Hauptstraße das Dorf **Schwabegg**. Die heutige Kirche ist ein der spätbarocken Ausstattung um 1750/60 angepaßter historisierender Neubau von 1860 über kreuzförmigem Grundriß, mit Westturm und symmetrischen Anbauten seitlich des Polygonchores. Das Langhaus ist kreuzgratgewölbt mit Gurtbogen- und Pilastergliederung; die Westempore ruht auf einem Platzlgewölbe, und das östliche Schiffjoch ist durch querschiffartige Nischen verbreitert. Der einjochige Chor mit Rundapsis wird beidseitig von Oratorien eingefaßt. Das Hochaltarbild zeigt den hl. Antonius, die Seitenaltäre mit reicher Rahmenarchitektur stammen von J. A. Strauß. Von der Ausstattung ist noch ein großer geschnitzter Osterleuchter (M. 18. Jh.) zu nennen, der Kanzelkorb wird heute als Ambo verwendet. Im Friedhof ist die Grabstätte der Familie von Webern zu erwähnen.

Rund 170 m höher als Oberdorf liegt einsam am Hang des Kömmelmassivs die Marienwallfahrtskirche von **Heiligenstadt**, heute zweite Station des Dreibergelaufes. Schon in einer Burgfriedsbeschreibung von 1571 genannt, soll die Kirche in ihrer heutigen Form zur Zeit der Gegenreformation im Jahre 1627 erbaut worden sein. Der schlichte Bau mit mächtigem Westturm besitzt eine offene Laube mit patronierter Flachdecke aus der Hauptbauzeit (restauriert 1818). Innen weist sie ein frühbarockes Tonnengewölbe mit unregelmäßigen Stichkappen auf. Der Chor trägt über einer Pilastergliederung ein kuppeliges Gewölbe mit szenisch-ornamentaler Ausmalung des Historismus um 1870, über der Sakristei befindet sich ein Oratorium. Die beachtliche einheitliche Ausstattung des Spätbarock umfaßt Altarblätter von Johann Andreas Strauß (1773/74), einen Kanzelkorb (ca. 1700), der heute als Lesepult (Ambo) dient, und an den Wänden Leinwandbilder des 17. Jhs. mit den Hll. Magdalena und Petrus.

Ausschnitt der patronierten Holzdecke in der Vorhalle von Heiligenstadt

Östlich der Dobrowa, beim Zusammentreffen der Drau mit einem Ausläufer des Kömmel, duckt sich in geschützter Lage **Neuhaus**. Über dem Dorf und Gemeindehauptort thront stolz in beherrschender Lage das namengebende **Schloß**, im 13. Jh. von Ministerialen der Grafen von Heunburg erbaut und zur Unterscheidung von der Bleiburg ab 1278 als „neues Haus“ bezeichnet. Es stand lange im Besitzverband mit der Bleiburg und wurde öfters als Pfand ausgegeben. Nach der Zerstörung durch die Ungarn 1481 erfolgte die Wiederinstandsetzung durch die Herren von Ungnad; später war Neuhaus im Besitz der Herberstein, Kollnitzer etc., wobei es zu Burgfriedstreitigkeiten mit Bleiburg kam. Gegen 1600 gelangte es in den Besitz der Paradeiser, die sich hinfort „Herren zu Gradisch und Neuhaus“ nannten. 1629 erfolgte der Ankauf durch Andrä Prüggler, Bestandinhaber der Herrschaft Unterdrauburg. Nach oftmaligem Besitzerwechsel (u.a. der Freiherren von Deutenhofen) und kurzzeitigem Besitz durch das Stift Admont erwarb der erfolgreiche Unternehmer und Manager Herbert Liaunig 1988 das Schloß und ließ es bis 1992 von Günther Domenig aufwendig renovieren. Das in seinem heutigen Zustand vor allem Umbauten des 16. und 17. Jhs. widerspiegelnde Schloß kann vom Dorf aus von zwei Seiten erwandert werden. Die breite talseitige Schaufront mit unregelmäßigen Fensterachsen – ein Hinweis auf die Einbeziehung älterer Mauern –, hinter denen sich ein annähernd quadratischer Hof mit frühbarocken Säulenarkaden verbirgt, wird von zwei dachgleichen Eckrisaliten eingefaßt. An den nördlichen ist die barocke

Glasfenster mit Stifterdarstellung in der Pfarrkirche von Neuhaus (fr. 15. Jh.)

Josefskapelle angefügt, die Wandmalereien des Rokoko birgt, darunter eine Ansicht des Schlosses und einen illusionistisch gemalten Hochaltar; das Altarblatt mit der Immaculata wird Johann Andreas Strauß zugeschrieben (um 1755). Ein 1720 bezeichnetes Eisengittertor führt auf einen Vorplatz mit einer Plastik von Bruno Gironcoli. Im vorbildlich und architektonisch anspruchsvoll renovierten Inneren befindet sich eine bedeutende Kunstsammlung. Südöst-

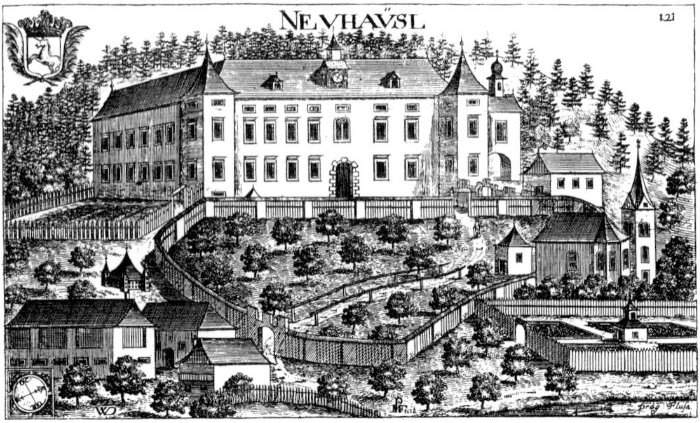

Schloß Neuhaus, Kupferstich aus: Johann Weichard von Valvasor, Topographia archiducatus Carinthiae, Nürnberg 1688

lich am Fuße des Schloßberges verdient noch ein frühneuzeitlicher Bau der Schloßmeierei Beachtung.

Unter dem Schloß auf einem Geländevorsprung oberhalb des Ortes erhebt sich die gut ausgestattete gotische **Pfarrkirche** zu Ehren des Pilgerapostels Jakobus. Offenbar als Eigenkirche der Burgherrschaft entstanden, wird sie 1408 als Pfarre bezeichnet, ist aber später zur Filiale von Schwabegg abgesunken. Eine seelsorgliche Verselbständigung unter Josef II. scheiterte, erst 1859/60 wird sie endgültig zur Kuratie erhoben. Der wuchtige Bau mit markanter steinsichtiger Außenwirkung, Nordturm und polgonalem Chorraum stammt aus dem 14. Jh.; das kurze Langhaus mit steilem Dach erhielt sein fast quadratisches Sternrippengewölbe gemäß der auf den Triumphbogen gemalten Jahreszahl mit Meisterzeichen erst 1530. Durch die hölzerne Westempore wird das Langhaus zusätzlich geteilt. Zu beachten sind die Glasfenster aus dem frühen 15. Jh. mit dem Schmerzensmann, vier Szenen aus dem Leben Christi (darunter die Diskussion mit den Schriftgelehrten), einem Bischof mit einem Ritter des Deutschen Ordens, dem Kirchenpatron und einer Stifterscheibe.

Ein weiterer Schatz der Kirche sind die Wandmalereien; an der Chornordwand und der Südostschräge befinden sich Medaillons mit Halbfiguren der Apostel Bartholomäus und Paulus vom Einersdorfer Meister (fr. 15. Jh.); an der Triumphbogenlaibung der hl. Florian und an der Schiffnordwand der Zug und die Anbetung der Hl. Drei Könige in einem großen Bildfeld, das leider durch barocke Fenstereinbrüche beeinträchtigt ist (2. V. 15. Jh.). Die einheitliche barocke Ausstattung stammt aus der Mitte des 18. Jhs.; der Hochaltar birgt eine hochgotische Statue des Pfarrpatrons (M. 14. Jh.).

Das versenkbare Altarblatt des hl. Rochus sowie das des rechten Seitenaltares mit dem Erzmärtyrer Laurentius stammen von Johann Andreas Strauß um 1750/55; die Kanzel besitzt einen figural bemalten Korb (mit Jesus und den Kirchenvätern). Hinter dem Hochaltar ist ein auffallend großformatiges Leinwandbild der Marienkrönung mit Heiligen und Stiftern aus dem 17. Jh. angebracht. An der Chornordwand ist ein Wappengrabstein der Maria Prügglerin (+ 1644) eingemauert.

In **Pudlach** an der Straße von Neuhaus nach Lavamünd steht der Neubau des **Bezirksaltersheimes** mit bemerkenswerter Integrierung von 14 Tafelbildern des Edwin Wiegele als Allegorien und Stationen des menschlichen Lebens („Kunst und Altern“) durch den Architekten Josef Klingbacher.
Vorbei an der **Lavamünder Brücke**, welche erst 1925 – durch die neue Grenzziehung bedingt – errichtet wurde und 1964 die heutige Gestalt erhielt, gelangen wir nach **Bach**. Hier steht am Ausgang eines Grabens inmitten einer Streusiedlung die bescheidene, bereits 1272 genannte Filialkirche St. Bartholomäus und Oswald, heute ein im Kern mittelalterlicher, barock veränderter Bau. Die Kirche besitzt einen an der Westfassade tw. vorspringenden Turm und eine eingezogene kreuzgewölbte Rundapsis. Dem barocken Tonnengewölbe im Langhaus sind in vier Jochen Netzgrate auf Halbsäulen unterlegt (der Kontrakt zu ihrer Herstellung 1719 ist überliefert.) Über dem Triumphbogen befindet sich ein barockes Kreuzigungsfresko. Der Hochaltar stammt von 1753, während die Seitenaltäre rund 80 Jahre älter sind. Mit der „Patekmühle“ ist in Bach auch ein historisches Wirtschaftsobjekt revitalisiert worden.
Auf einem langgestreckten Plateau hoch über dem rechten Ufer der Drau überrascht uns knapp vor der Staatsgrenze, die seit 1922 die ehemalige Gemeinde Leifling teilt, das **Schloß Leifling**, nach einem früheren Besitzer auch Eberwein genannt (gemäß Volksabstimmung wäre zwar die ganze Gemeinde bei Österreich verblieben, nach starker Agitation eines Teils der örtlichen Bevölkerung wurde ein Großteil von Leifling jedoch Jugoslawien übergeben). Das mit Bleiburg verbundene landesfürstliche Lehensgut des Mittelalters wird 1571 erstmals als Edelmannsitz bezeichnet und in dieser Zeit (unter Georg Prüggler?) auch zu einem Herrenhaus der Renaissance umgebaut. Nach mehreren Besitzerwechseln, u. a. des Josef Jöchlinger von Jochenstein, kam Leifling an die bedeutende Gewerkenfamilie Stampfer von Walchenberg, die den Edelmannsitz um die Mitte des 18. Jhs. in die heutige anmutige Form umbauen und auch innen mit schönen Stuckdecken im Laub-Bandlwerkstil versehen ließen. Sie und die späteren Besitzerfamilien Thurn-Valsas-

Ostfassade und Portal von Schloß Leifling (Eberwein)

sina sowie Mohrenschildt haben auf den Decken auch ihre Wappen anbringen lassen.
Das gegenwärtig mit Mühe instandgehaltene Schloß bietet trotz der sanierungsbedürftigen Fassade einen überaus malerischen Eindruck: Beim spätbarocken Umbau wurden dem rechteckigen Kernbau der Renaissance an der Schaufront nördlich gegen die Drau hin zwei breite Seitenrisalite und in der Mitte eine Vorlaube mit Balkon angefügt. Ein genutetes Sockelgeschoß trägt umlaufend Riesenpilaster, zwischen denen die Fenster reichgestaltete und plastische Fensterverdachungen erhielten. Das hübsche Portal mit geschwungener Verdachung befindet sich östlich an der Seitenfront. Östlich des Schlosses verdient auch die Bautengruppe des durch einen Torbogen verbundenen **Meierhofes** mit Bildstock Beachtung.

Von Tainach ins Trixnertal
Stadtgemeinde Völkermarkt

Durch den Tainacher Berg gegen die früher laute und von Autoabgasen verpestete, seit 1999 durch die nahe Autobahntrasse weitgehend entlastete Packer Straße im Norden abgeschirmt, setzt die **„Propstei" Tainach** in Hanglage oberhalb des Dorfes einen weithin sichtbaren kirchlichen Akzent. Die Pröpste des 1247 gegründeten Kollegiatkapitels St. Maria Magdalena zu Völkermarkt – eine Vereinigung von Weltgeistlichen zur gemeinsamen Seelsorge, jedoch ohne klösterliche Wohn- und Wirtschaftsgemeinschaft – hatten hier

Der Wehrturm bzw. Karner von Tainach

ihre Titularpfarre, bei der sie seit dem 16. Jh. auch hauptsächlich zu residieren pflegten. Seit der Gegenreformation waren sie auch Archidiakone (erzbischöfliche Verwaltungs- und Aufsichtsorgane) und mit bischöflichen Insignien ausgestattet; im Landtag hatten sie Sitz und Stimme.
Der langgestreckte **Propsthof** mit seinen vier Geschoßen, hinter deren mittleren gekuppelten Fenstern sich nur Gang und Stiegenhaus verbergen, beeindruckt mehr durch Lage und Größe (13 Fensterachsen mit über 20 Räumen) als durch architektonische Qualität. Zwei an den Schmalseiten angebaute runde Wehrtürme, deren östlicher im Untergeschoß ein abgefastes Rundbogenportal aus der Zeit um 1530 besitzt, verstärken den abweisenden Charakter des sanierungsbedürftigen Gebäudes. Ganz im Gegensatz dazu die östlich etwas abgesetzten, seit 1952 in mehreren Etappen z.T. aus ehemaligen Wirtschaftstrakten um- oder neugebauten freundlichen Gebäude des Katholischen Bildungshauses (Katoliški dom prosvete) **Sodalitas**, einer gastlichen Einrichtung, die in den Landessprachen Deutsch und Slowenisch mit jährlich etwa 560 Veranstaltungen von Exerzitien bis zu wissenschaftlichen Vorträgen jung und alt über die Landesgrenzen hinaus anspricht.
Der Besucher kann Kirche und Propstei über eine gedeckte Stiege des 17. Jhs. vom Dorf aus oder bequem mit dem Pkw über die Zufahrt zur Sodalitas erreichen, an einem mächtigen Pfeilerstadel vorbei. Die **Kirche** zu Ehren Mariä und des Bischofs Valentin in der Mitte eines malerischen Friedhofes, als Pfarre bereits 1185 bezeugt, ist im Kern ein spätgotischer Saalbau des frühen 15. Jhs., von dem der Chor noch weitgehend erhalten blieb. Im 17. und 18. Jh. erfolgten die Zubauten der nördlichen Valentinskapelle, der von außen betretbaren Orgelempore und der Sakristei. Der heutige Eindruck, insbesondere des neugotischen Turmobergeschoßes mit spitzem Pyramidendach und der Fassade mit hübschem Dachreiter, ist durch den Umbau nach einem Brand von 1853 geprägt, die Fassadennische mit dem Patron Valentin hat Franz Ozbiž 1882 hergestellt. Der Besucher kann bei einem Rundgang im Kirchhof immer wieder Bauinschriften und Wappen der Pröpste (mit der hl. Maria Magdalena als Patronin der Völkermarkter Propstei) entdecken, so am Rundbogenportal der Treppe ins Dorf (Georg Marko 1651) oder unter dem Beweinungsfresko am Propsteigebäude.
Im Inneren der meist versperrten Kirche, deren Schiffgewölbe in der Barockzeit vereinfacht erneuert wurde und die damals den tiefen nördlichen Kapellenzubau erhielt, ist der bauplastische Schmuck der Chorkapitelle mit Köpfen, Fabelfiguren und Blattwerk sowie zwei männlichen Konsolfiguren, die aufgrund von Inschriften als Baumeister Martin und Jörg gedeutet werden, bemerkenswert. An

der südlichen Chorwand finden wir das farbenfrohe Fresko einer Südtiroler Malerwerkstätte mit einer Geburt Christi, der Not Gottes (die Trauer um den toten Sohn) und dem hl. Valentin im „Weichen Stil" (dat. 1423). Von der mittelalterlichen Ausstattung blieb lediglich noch eine Statue des Kirchenpatrons um 1510 erhalten. Beachtenswert ist aber die Barockausstattung mit einem ungewöhnlich stark italianisierenden Hochaltar in schwarzem und weißem Marmor (1777) und den Seitenaltären mit Bildern der Apostelkommunion und Disputation der hl. Katharina des Schwaben Eustachius Gabriel, der 1768 auch die heute zugetünchten Deckenfresken mit Szenen aus dem Leben des Bischofs Valentin schuf. Die Statuen der Seitenaltäre stammen von J. Mayr, die Apostelfiguren der Kanzel aber von Benedikt Pläß. Den Valentinaltar, der erst 1768 von der Mitte der Kirche in die neuerbaute Seitenkapelle übertragen wurde, haben damals die bekannten Salzburger Künstlerbrüder Hagenauer um einen günstigeren Preis als die heimischen Kunsthandwerker liefern können. Zu nennen sind noch die figürlichen Grabsteine der wichtigen Pröpste Gregor Latomus (eig. Steinbrecher, + 1597) und Carl Ludwig Klies (+1707) sowie ein römerzeitliches Grabrelief mit der Darstellung Europas auf dem Stier.
Der **Friedhof** wird noch von der alten Wehrmauer des 16. Jhs. eingefaßt. Seinen höchsten Punkt bewacht ein hoher zweigeschoßiger Rundturm, dessen Untergeschoß heute als Karner dient, während im Obergeschoß (mit Sonnenuhr von 1886) eine Kapelle eingerichtet wurde. Links daneben sehen wir eine hübsche Friedhofskapelle, einen offenen spätklassizistischen Laubenbau mit Dreiecksgiebel und eingestelltem toskanischem Säulenpaar (um 1840). Darinnen finden wir unter Wandbildern der Beweinung und Auferstehung Christi die Grabmäler vieler Völkermarkter Pröpste seit 1718 (darunter die drei nacheinander von 1707 – 1780 hier auch als Bauherren wichtigen Pröpste aus der Familie Dreer mit dem Anker im Wappen).

Etwas drauabwärts erhebt sich auf einer Felskuppe über dem Edlinger Stausee das **Schloß Neudenstein**. Von der „Ruhstatt", einem Plateau der Packer Straße vor Völkermarkt mit bekannter Gastwirtschaft, hat man den schönsten Fernblick nicht nur auf das ob seines dunklen Gemäuers gerne als „Schwarzes Schloß" bezeichnete Objekt, sondern über das ganze Jauntal, die Aulandschaft der Drau und die Karawanken. 1329 gestattete Herzog Heinrich seinem Gefolgsmann Konrad von Aufenstein die Erbauung dieser Feste auf dem Bühel unter St. Ulrich. Wegen eines Aufstandes seiner Nachkommen fiel sie 1368 an die Kärntner Herzöge, damals schon die Habsburger, welche die Burg nacheinander an Getreue

Die Portalfront von Schloß Neudenstein

(darunter die Himmelberger, von Graben, Plumegger, Windischgrätz, Kemetter und Mandorf) ausgaben. 1970 erwarb die Familie Comelli-Stuckenfeld, Nachfahren eines im Dienste des polnischen Königs Jan Sobieski u. a. beim Entsatz Wiens von den Türken 1683 bewährten Artillerieoffiziers (Stuck hier in der Bedeutung von Kanone) das verwahrloste Schloß und sanierte es liebevoll.
Um einen unregelmäßigen Hof mit mehrgeschoßigen Säulenarkaden des 17. Jhs. gruppieren sich Wohntrakte unterschiedlicher Höhe, in dessen östlichem noch das spätmittelalterliche feste Haus stecken dürfte. Ein Torturm wurde erst 1841 abgetragen, auch andere Wehrelemente wie Türme und Erker (in zwei Ansichten bei Val-

vasor 1688 überliefert) sind später abgekommen. Das Portal zeigt ein Allianzwappen der Kemetter und Pranckh (17. Jh.), im Hof finden wir einen Ziehbrunnen. Einige Innenräume des Südtraktes verdienen Erwähnung, insbesondere der stuckierte Mittelsaal im ersten Stock mit zwei Deckengemälden Antonio Biepos (Sturz des Ikarus und Sturz des Phaeton vom Sonnenwagen) sowie Kaiserbüsten an den Wänden. Im Geschoß darüber hat der gleiche Maler in einer Stuckdecke mit allegorischen Putti der Jahreszeiten Leinwandbilder von Orpheus in der Unterwelt sowie der Flucht des Aeneas aus dem brennenden Troja geschaffen.

Die flach gedeckte Kapelle im Obergeschoß des Osttraktes mit gewölbtem Apsispolygon zeigt noch Reste gotischer Wandmalereien des 14. und 15. Jhs. (Grablege, triumphierender Christus) und besitzt ein Altarblatt mit der Darstellung der Märtyrerin Ursula (17. Jh.) sowie ein aus der Pfarre Ferlach stammendes Glasfenster.

Älter als das Schloß ist die nördlich davon durch einen Graben getrennte Filialkirche **St. Ulrich**, die wohl vom Völkermarkter Kapitel, vielleicht sogar unter dessen erstem Propst, dem gelehrten und hochangesehenen Ulrich (+ ca. 1266) errichtet wurde. Der im Kern spätromanische oder frühgotische Bau folgt in Grund- und Aufriß – insbesondere mit dem gerade schließenden Ostturm – der Pfarrkirche St. Ruprecht in Vökermarkt. Neben Zubauten wie der großen Sakristei mit darüberliegendem Oratorium für die nahe Schloßherrschaft erfolgte in der Barockzeit auch eine neue Wölbung. Der Chor mit gotischem Schlußstein in Zweitverwendung erhielt 1905 historisierende Malereien. Hochaltar und Kanzel stiftete um 1670 Johann Carl Kemetter, damals Inhaber der Herrschaft Neudenstein und hoher landständischer Funktionär (+ 1686) – sein Wappengrabstein befindet sich neben anderen in der Kirche.

Nördlich der Kirche ließen im 19. Jh. die Buzzi als langjährige Besitzer von Neudenstein eine kleine freistehende **Kapelle** als Familiengrablege errichten.

Kehrt man nach Tainach zurück und wählt die unter der Propstei vorbeiführende Straße nach Greuth an der Packer Straße, erreicht man bald **Höhenbergen** mit der Ruine eines Renaissanceschlosses, das von den Windischgrätz 1653 an Georg Niklas Grafen von Rosenberg verkauft worden war. Dieser ließ den Edelsitz über einem Abfall zur Drau als „überaus schön und trefflich wol accomodirtes Gebäu mit einer Altana auf Italienische Manier“ (so Valvasor 1688) samt freistehender Kapelle umbauen. Philipp Joseph Graf Orsini-Rosenberg beabsichtigte für seine Gemahlin Dominika geb. Kaunitz einen prächtigen spätbarocken Umbau, der seit 1744 ins Stocken kam und nach ihrem Tod 1765 nicht fertigge-

Schloß Höhenbergen gegen Osten, im Hintergrund die Drau, Kupferstich aus: Johann Weichard von Valvasor, Topographia archiducatus Carinthiae, Nürnberg 1688

stellt wurde. Das um einen kleinen Hof angelegte Objekt mit seiner monumentalen siebenachsigen Nordfassade, das durchaus den Vergleich mit Adelspalästen der Residenzstädte nicht scheuen hätte müssen, ist im hoffnungslosen Verfall begriffen.

Nördlich der Packer Straße liegt am Ostabhang des Frankenberges gut einsichtig das aus dem Wohnturm eines Schützenlehens des Heinrich Tolr (Taler) um 1200 entstandene **Schloß Töllerberg**. Neben den Aufensteinern, Obdachern, Welzern und Windischgraetz besaßen auch die Kulmer von Rosenbichl und Fellner von Drasing nacheinander den Edelsitz. Propst Carl Ludwig Klies von Völkermarkt übergab ihn 1703 seinem Vetter Georg von Klies, dem wir die schönen Stuckzimmer verdanken. Unter den späteren Besitzern ist neben den Grafen Christallnig der Klagenfurter Bürgermeister Gabriel Ritter von Jessernig (1852) zu erwähnen.
Heute teilen sich mehrere Familien (Nachkommen derer von Jessernig) das Schloß, das aus zwei hakenförmig verbundenen Bauteilen besteht. Der südliche weist ein Rustikaportal und hofseitige Arkaden auf; sein bergseitiger Westabschnitt mit Holzdecken etc. ist wohl der älteste Rest. Die Fassade des talseitigen Osttraktes (16. Jh.) wird von zwei Ecktürmen eingefaßt, während ein weiterer nach einem Einsturz nicht mehr aufgebaut wurde. Bemerkenswert sind seine im frühen 18. Jh. vom Klagenfurter Stuckateur Kilian Pittner ab 1711 ausgestatteten Räume im zweiten Obergeschoß: im Vestibül Wappen der Klies und Silberberg, im nördlichen Jagdzimmer Allegorien der vier Erdteile mit den Göttinnen Diana und Venus. Zwei Turmzimmer bergen Allegorien der Jahreszeiten Früh-

ling und Herbst, das Südwestzimmer eine Darstellung von Schloß Mittertrixen in barocker Gartenlandschaft sowie josephinisch-klassizistische Wandmalereien mit Blütengirlanden und gerahmten Landschaften (um 1780).

Im Talgrund liegt die bereits 1043 genannte Kirche **St. Margarethen ob Töllerberg** inmitten des gleichnamigen Dorfes. Als Gründer gelten Hemma von Gurk bzw. ihr Gemahl Graf Wilhelm. Die Kirche wurde später vom Kapitel Völkermarkt exkurrendo betreut, lange Zeit vom nahen > St. Franziszi aus, und erhielt erst 1868 einen eigenen Pfarrhof. Das Gebäude ist ein weitgehend einheitlicher Neubau vom Ende des Mittelalters und besitzt aufwendige Sternrippengewölbe v. a. in der Vorhalle, unter der Orgelempore und im Chor, in welchem eine Konsole der Nordwand in einem Wappenschild die Initialen PS und das Datum 1538 aufweist. Die Besonderheit des 72 m hohen Turmes ist der achtseitig gedrehte, schlanke und mit Steinplattln gedeckte Pyramidenhelm.
Von der mittelalterlichen Ausstattung ist noch der an der Emporenbrüstung angebrachte Altarschrein des St. Pauler Meisters Melchior (um 1520) mit gemalten Innentafeln der Hll. Margarethe und Agnes erhalten; die dazugehörige Schreinfigur – eine Mondsichelmadonna – steht gesondert auf einer Konsole. Der Hochaltar (bis auf die Statue der Kirchenpatronin von ca. 1880), der linke Seitenaltar und die Kanzel gehören dem lokalen Hochbarock des frühen 18. Jhs. an. Zu beachten sind die in einem Wolkenband angeordneten Reliefbüsten der 14 Nothelfer aus der Reformationszeit. In der Vorhalle rechts vom Westportal ist noch auf den

Schloß Töllerberg, Bleistiftzeichnung von Markus Pernhart, M. 19. Jh.

Grabstein mit der ganzfigurigen Darstellung des Felix Victor Rauber zu Reinegg und Obertrixen (+ 1590) hinzuweisen.
Südlich der Kirche erhebt sich ein zweigeschoßiger **Karner** mit einer kleinen Rundapsis und einem schindelgedeckten Kegeldach (12./13. Jh.). Bei seiner Adaptierung in eine Aufbahrungshalle kamen wertvolle Fresken aus der Mitte des 15. Jhs. mit den Karnerpatronen Michael und Oswald zum Vorschein.

Am südöstlichen Abhang des **Kulm** (Bergsteines) hinter der Autobahnraststätte Völkermarkt ist wohl schon im 12. Jh. die romanische St. Katharinakapelle errichtet worden. Der steinplattlgedeckte Saalraum mit westlichem Dachreiter, Rundbogenportal und Rundapsis ist flachgedeckt, wobei die Stiege auf die Holzempore und den Dachboden bemalte und patronierte Holzbretter aufweist; die drei frühbarocken Altäre stammen aus der Zeit um 1680.
Auf einem Hügel oberhalb der Straße ins Görtschitztal erhebt sich die Kirche von **St. Georgen am Weinberg**, eine der bereits 1043 genannten Hemmakirchen. Lange von den Völkermarkter Kanonikern exkurrendo versorgt, ermöglichte eine reiche Stiftung 1740 die Einsetzung eines ansässigen Vikars und den Bau eines Pfarrhofes. Die Kirche wurde etwa gleichzeitig und vom selben Baumeister wie St. Margarethen errichtet (Schild mit Datum und Initialen an der Orgelempore). Das Langhaus erhielt im Barock an der Südseite eine langgestreckte Annakapelle; der spätgotische Chor, dem nördlich der Turm angefügt ist, verzichtet schon auf Strebepfeiler. Bemerkenswert ist die Krypta unter Chor und Südkapelle, die später von den Grafen Christallnig als Gruft benutzt wurde. Als Besonderheit weist sie ein hochgotisches Alabasterrelief wahrscheinlich nordwestfranzösischer Herkunft mit den Darstellungen des Schweißtuches der Veronika, einem Schmerzensmann, dem Apostel Petrus und einem Bischof auf (14. Jh.). Während der Hochaltar dem Spätbarock der Mitte des 18. Jhs. zugehört, sind die Seitenaltäre älter. In der Kirche sind noch zwei figürliche Kindergrabsteine aus dem späteren 16. Jh. sowie der Wappengrabstein des Peter Wucherer von 1472 hervorzuheben.

Ein Weg südlich des Dorfes führt zum Schloß **Frankenstein** (auch Ramschisselhof genannt), das seinen Ursprung in einer mittelalterlichen Burg hat (urk. ab 1193 genannt), um 1570/80 von Wolf Dietrich Reinwald zum Edelsitz umgebaut und im 17. Jh. von den Herren von Ramschissel erweitert wurde. Im ersten Koalitionskrieg hat französisches Militär das Schloß 1797 niedergebrannt. Es ist heute zweigeschoßig mit einem talseitigen klassizistischen Giebel sowie seitlichen Risaliten, die hinten einen Hof bilden. Dem

Die Pfarrkirche von Klein St. Veit gegen Nordosten

nordöstlichen ist ein Turm vorgestellt, worin sich die Kapelle zum hl. Josef befindet, ein kleiner Rechteckraum mit Stichkappentonne und Perlstabstuck aus der Mitte des 17. Jhs, geschmückt mit Grisaillemalerei (Engel mit Vasen) und einem Altar um 1680 mit dem Bild des sterbenden Nährvaters. Die Kapellentüren zeigen Darstellungen aus dem Christusleben mit Rankenmalereien.

Am Fuße des Bischofberges nordwestlich von St. Georgen am Weinberg steht beim Weiler Kremschitz die Kapelle **St. Leonhard**, ein kleiner gotischer Bau mit möglicherweise älterem Baukern. Er besitzt einen Dachreiter, eine Vorlaube, einen eingezogenen Polygonchor und ein flachgedecktes Langhaus. Der frühbarocke Hochaltar wurde 1652 von Claudius Frh. von Schneeweiß, dem Herrn auf Waisenberg, gestiftet.

Inmitten der abwechslungsreich hügeligen Landschaft ragt die über 600 m hohe Triaskalkklippe schroff auf, welche die mächtige Ruine **Waisenberg** trägt. Sie ist wohl Rechtsnachfolgerin einer der beiden von König Arnulf 895 den Vorfahren der Hemma von Gurk bzw. ihres Gatten geschenkten Burgen, wenngleich ohne gesicherte bauliche Kontinuität. Die durch Hemmas Klosterstiftung an den Gurker Bischof gekommene Burg wird anläßlich des Rückkaufs nach einer der mehrmaligen Entfremdungen 1167 erstmals genannt. Zuweilen urkundete hier der Bischof, die meiste Zeit wurde sie von Dienstmannen bewohnt und 1530 endgültig an Hans von Silberberg verkauft. Um 1790 fiel die damals im Besitz der Grafen von Christallnig befindliche Burg einem Brand zum Opfer und wurde nicht mehr aufgebaut. Erst vor wenigen Jahren hat ein eigenwilliger Klagenfurter Architekt die Ruine langfristig gepachtet und durch Sicherungsarbeiten sowie Freilegung vom Schutt wieder für die Allgemeinheit erschlossen. Das breite und flache Behelfsdach auf dem mächtigen Rundturm verleiht der Burg eine charakteristische Silhouette.
Auf einem im letzten Abschnitt über anmutige Weiden führenden Gehweg erreicht man die mit dem Wappen des Andrä von Spangstein um 1570 versehene Toranlage: der geböschte Unterbau, das Kordongesims, zwei Nischen, die wohl allegorische Figuren bargen, und eine Wendeltreppe im Inneren erweisen den Einfluß der oberitalienischen Festungsbautechnik der Renaissance (eine ursprünglich hier angebrachte Inschrifttafel, die den Namen des Schlosses fälschlicherweise von „Waisen“ ableitet, befindet sich heute im Hof von Schloß Eberstein im Görtschitztal). Ein Zwinger führt den Besucher um die Hochburg herum durch eine zweite Toranlage mit Sperrmauer vor die noch mehrgeschoßige westliche Hauptfront des Schloßbaues, der hauptsächlich im 15. und 16. Jh. in seine heutige Form gebracht wurde. Die geräumige und wohnliche Anlage umschloß auf drei Seiten (an der vierten nur mit einem Verbindungsgang) einen Hof, der heute Sitzgelegenheiten für gesellige Veranstaltungen bietet. Ein in den Hof gebautes Stiegenhaus und vor allem das noch gewölbte Untergeschoß des mächtigen Rundturmes an der Nordwestecke vermitteln noch etwas herrschaftliche Atmosphäre der frühen Neuzeit. Südlich unterhalb der Ruine ist der **Kasten** (Getreidespeicher) der ehemaligen Schloßmeierei von drei Bauernfamilien zu Wohnzwecken ausgebaut worden; sie teilen sich auch ein weiteres Wirtschaftsgebäude.

Gegenüber am **Lamprechtskogel** kann der Besucher noch Reste von ausgedehnten Wall- und Befestigungsanlagen erkennen, die bis in die Römerzeit zurückreichen und noch bis in die Zeit der

Türkeneinfälle genutzt wurden. Die romanische, in gotischer Zeit durch ein Chorpolygon ergänzte Kapelle St. Lambrecht war die dritte der 1043 genannten Hemmakirchen im Trixnertal. Auch sie dürfte wie viele andere Kirchen Kärntens an der Stelle eines römischen Heiligtums errichtet worden sein. In den letzten Jahren sind am Fuße des Hügels bei **Führholz** in Hügelgräbern der Hallstattzeit bedeutende Funde gemacht worden, die heute im Bezirksheimatmuseum Völkermarkt gezeigt werden.

Wir fahren noch weiter bis zur nordwestlichsten Grenze des Bezirkes Völkermarkt, wo kurz vor Brückl der Name des Weilers **St. Gregorn** noch an eine abgekommene Kirche zu Ehren dieses Kirchenvaters erinnert. Oberhalb der Brücke über die Gurk sind die Reste der Höhlenburg **Reinegg** in der kavernenartigen Einmuldung einer senkrechten Felswand mit nischenartigen Aushöhlungen für die Wohnräume, zwischen denen sich ein Hof öffnete, erkennbar. Die 1176 erstmals genannte Burg, die mehrmals die Lehensherrschaft wechselte (Bischof von Bamberg, Landesfürst) hatte den Gurkübergang zu sichern; ihre Besitzergeschichte deckte sich ab dem 16. Jh. lange mit der von Obertrixen. Das zugehörige Talschloß dürfte sich an der Stelle des heutigen Gasthauses befunden haben. Die etwas über dem Ort liegende Filialkirche von **Klein St. Veit** mit ihrem mächtigen gotischen Westturm besitzt ein Langhaus, das teilweise noch wie zur Zeit der Romanik eine Flachdecke, im Osten aber ein spätgotisches Kreuzgewölbe auf Konsolen und Wandpfeilern besitzt. An Ausstattung müssen an der Langhausnordwand gut erhaltene Rötelvorzeichnungen (Sinopiae) mit Passionsszenen um 1340 sowie spätmanieristische Rankenmalereien im Langhaus und Leidenswerkzeuge Christi im Chorgewölbe genannt werden (am Triumphbogen bez. 1623).

Die Straße von Brückl durch das früher sumpfige Trixnertal nach Völkermarkt ist reich an landschaftlichen Reizen. An einer Engstelle erheben sich nördlich auf steilem Felsen die Reste der Burg **Obertrixen** – wohl die Rechtsnachfolgerin der zweiten Burg, die König Arnulf 895 weiterschenkte. Mit der gegenüberliegenden Burg Waisenberg konnte die Straße jederzeit kontrolliert und leicht gesperrt werden. Der unrechtmäßige Gurker Bischof Berthold (1090 – 1106) übergab die Burg Engelbert von Spanheim, dessen Nachkommen sie behaupteten und eigene Dienstmannen festsetzten. Nach dem Wiedererwerb durch Gurk tauschte sie 1286 Herzog Meinhard aus dem Hause der Grafen von Görz-Tirol ein. Die Burg bestand aus einem noch heute in vier Geschoßen erhaltenen Wohnturm des 12. Jhs., an den südlich Wohnbauten und nördlich ein um-

mauerter Hof mit Zisterne anschlossen (heute fast völlig abgekommen). In der Südostecke sind noch die später tw. überbauten Fundamente der romanischen Burgkapelle mit Rundapsis zu erkennen.
Das darunterliegende gleichnamige **Schloß** duckt sich, von der Straße kaum einsehbar, zwischen dem Burgberg und einem Hügel im Osten. Es ist offenbar aus einem spätmittelalterlichen Meierhof entstanden und wurde im 16. und 17. Jh. unter den Familien Rauber sowie Grotta von Grottenegg schrittweise zu einer großartigen vierflügeligen Schloßanlage umgebaut. Im 19. Jh. war Obertrixen im Besitz der aus dem Metnitztal zugewanderten Familie Nagele, die in Völkermarkt als Unternehmer Erfolg hatten. Die heute von einer ursprünglich aus Schlesien zugewanderten Familie landwirtschaftlich genutzten Bauten lassen außen nur mehr wenig von der einstigen Größe erkennen. Die hufeisenförmig einen Hof umschließende Anlage öffnet sich gegen Süden mit einem zinnengeschmückten Portal, bekrönt vom Wappen der Grottenegg (nach 1629) sowie einem reizvollen Pavillon des 19. Jhs. Im Hof sehen wir westlich noch ein Portal mit gesprengtem Dreiecksgiebel aus dem 17. Jh. In die nördlichen Bauteile sind noch Fenstergewände der frühen Neuzeit eingebaut, das Portal stammt von 1605, wurde aber 1956 verändert.
Ein gekuppeltes und vergittertes Rundbogenfenster in der Mitte der Ostfassade mit Inschrift des Bauherrn Felix Victor Rauber erweist diesen Trakt als Herrenhaus der Renaissance (um 1580). Noch sind beachtliche Reste der Innenausstattung vorhanden: Das Stiegenhaus des Osttraktes weist Stuck um 1700 auf, westseitig finden wir einen Raum, dessen die Architektur betonender Stuck von Gabriel Wittini stammen dürfte (um 1680). Über dem Kamin findet sich das Doppelwappen Welz und Grotta v. Grottenegg; an der Decke ein Bild der Diana in üppiger Landschaft. Weitere Räume besitzen noch eine Kassettendecke vom Anfang des 17. Jhs. oder Balkendecken und Nußholztüren aus dem 17. Jh.
Nahe beim Schloß steht frisch renoviert die **Erasmuskapelle**, die vom Griffner Propst in den fünfziger Jahren des 17. Jhs. eingeweiht wurde und nach Meinung von Zeitgenossen geräumiger als irgendeine andere Filialkirche war. Außen fallen am Saalbau im Stile des oberitalienischen Frühbarock der charakteristische, achteckig schließende Fassadenturm auf drei Arkadenbögen und die umlaufenden Segmentbogenfenster auf; im Inneren verdienen die gemalte Architektur des Hochaltars und das gerahmte Bild des seitlichen Marienaltars Beachtung.

Ganz in der Nähe, in freundlicher Südlage etwas erhöht am Südabhang der Saualpe, grüßt uns die Wallfahrtskirche **St. Franziszi** bei

Gattersdorf, ursprünglich eine bescheidene Nikolauskapelle, die in der Reformationszeit vom örtlichen Adel den Prädikanten überlassen worden war und danach verfiel. Erst im 18. Jh. kam es am Altar des Judas Thaddäus zu Gebetserhörungen. Eine Klagenfurter Ursulinenschwester stiftete 1735 eine größere Geldsumme, und sieben Jahre später kam es zu einem weitgehenden Kirchenneubau, der dem Jesuitenheiligen Franz Xaver geweiht wurde. Der Wallfahrerstrom wurde jedoch durch die Maßnahmen Kaiser Josefs II. unterbunden, und die Kirche konnte in der Folge nicht einmal einen Pfarrer halten. Schon außen fällt der Kontrast zwischen dem kleinen älteren Chorpolygon und dem hochbarocken Langhaus mit Westturm auf. Den besonderen Akzent setzen aber die symmetrisch in die Ecke zwischen Langhaus und Chor eingesetzte Sakristei im Norden und die Andachtskapelle im Süden, jeweils mit achteckigem Turmaufsatz.

Mittertrixen, im Hintergrund Obertrixen und Waisenberg, Lithographie aus: Joseph Wagner, Ansichten aus Kärnten, Klagenfurt 1844

Dem Inneren verleihen Gewölbe, Pilaster und die vorschwingende Westempore einen beschaulichen Eindruck. Aus der hoch- und spätbarocken Einrichtung hebt sich ein bemaltes Flügelaltärchen um 1520 hervor, mit barocken Statuetten im Schrein, aber noch originalen Malereien auf den Flügeln mit den 14 Nothelfern innen und verschiedenen männlichen und weiblichen Heiligen außen, das dem Maler Melchior aus St. Paul i. L. zugeschrieben wird.
Wieder auf die Hauptstraße zurückgekehrt, sehen wir vor uns bereits den markanten Kegel der Ruine **Mittertrixen**. Auch hier muß die

Frage nach den Anfängen der Burg offen bleiben, um 1200 war sie jedenfalls ein Gurker Lehen, dessen Besitzerfamilie 1261 ausstarb. Obwohl der Gurker Bischof die Lehenshoheit nicht aufgab, finden wir in der Folge die mächtigen Heunburger als Besitzer. Im 14. Jh. entscheidet der Kärntner Herzog die Lehensfrage für sich, und seit dem späten 16. Jh. finden wir Mittertrixen mehrmals besitzmäßig mit dem nahen Waisenberg vereinigt (so unter den Spangstein und Christallnig).

Die **Ruine** selbst an der Spitze des Hügels ist stark verwachsen und schwer zugänglich. Die Hauptburg des 12. Jhs. über mittelgroßem, fast rechteckigen Grundriß besaß im Süden drei- bis viergeschoßige Wohnbauten, die gotisch profilierte Portale aufweisen, dazu einen noch in Resten erhaltenen Bergfried. Im Südwesten sicherte ein Eckturm den Burgweg, während im Osten eine weitläufige Vorburg mit einem Tor in der Art eines Schalenturms errichtet wurde.

Am Fuße der Ruine, direkt an der Straße, steht auf einfachem rechteckigen Grundriß der dreigeschoßige **Kasten** (Getreidespeicher) mit den typischen kleinen Fenstern und einem Walmdach. Das im Kern spätmittelalterliche bzw. frühneuzeitliche Gebäude (16. Jh.) birgt im Erdgeschoß eine zweischiffige kreuzgratgewölbte Pfeilerhalle.

Das lange Zeit verwahrloste bzw. niedergewohnte **Schloß** im flachen Talgrund südlich der Burg, mittlerweile von einer Wohnsiedlung umgeben, ist unter Einbeziehung wesentlicher Reste von Vorgängerbauten um 1769/70, also als ausgesprochener barocker Spätling, unter den Grafen von Christallnig von einem Gutshof zu einer mächtigen vierflügeligen und zweigeschoßigen Anlage umgebaut worden. Giebel und zurückhaltender Fassadenschmuck sind zeittypische klassizistische Zugeständnisse an einen sehr altertümlichen Bautyp. Der geräumige Innenhof besitzt einander gegenüberliegende malerische Arkaden, im Inneren finden wir reizvolle Details wie eine Kassettendecke aus dem 16. Jh. im Obergeschoß der Nordwestecke, Reste von Balkendecken im Südostteil und Stuckdekorationen um 1770. Auch ein frühneuzeitliches Schulterbogenportal von 1554 mit kryptischer Inschrift am Westflügel verdient Beachtung. Ein neuer Besitzer hat die Sanierung des Gebäudes bereits in die Wege geleitet und will neben dem Einbau qualitätsvoller Wohnungen bestimmte Räume für kulturelle Veranstaltungen und damit auch der Öffentlichkeit zugänglich machen.

Etwa 3 km östlich liegt am südlichen Abhang der Saualpe **St. Martin bei Niedertrixen**. Die 1969 am Südportal in Zweitverwendung freigelegten sechs karolingischen Flechtwerksteine aus der Zeit um 800 (ursprünglich Chorschrankenplatten, nun im Bezirksheimatmuseum Völkermarkt, Kopien in der Vorhalle) und die freigelegten mittelalterlichen Gräber erweisen das hohe Alter und die frühere Bedeutung der erst 1332 genannten nunmehrigen Filiale von St. Stephan. Der heutige Bau ist ein gut erhaltener Typ eines romanischen Apsissaals (11. – 12. Jh.?) mit einfachem Stufenportal an der Südseite, z. T. später veränderten Trichterfenstern, unlängst freigelegten romanischen Putzresten und innen einer hölzernen Flachdecke, die frühestens im 16. Jh. in Kassettenform erneuert worden ist. Der östliche, sich nach oben verjüngende Dachreiter, der südliche Sakristeizubau und die sterngratunterwölbte Westempore mit rechteckigen Brüstungsfeldern gehören der Spätgotik an. Von zwei Christophorusdarstellungen des 14. und 16. Jhs. an der Südfassade wurde nur die jüngere zur Gänze konserviert. Im Fußboden vor dem Südportal finden wir in einer Marmorspolie die Darstellung eines römischen Mühlespiels, und an der Langhausnordwand sind Mitte des 17. Jhs. vier Felder mit einer Darstellung des Jüngsten Gerichtes aufgemalt worden. Im Hochaltar von 1684 wird der Kirchenpatron von zwei spätgotischen Statuen der Bischöfe Nikolaus und Rupert flankiert; der linke Seitenaltar mit einer Immakulata-Statue ist mit 1711 bezeichnet.

Nur ein Stück weiter an der Hauptstraße liegt mitten im Dorf die Pfarrkirche **St. Stephan bei Niedertrixen**, die in einem St. Pauler Traditionskodex um 1200 als Maximilianskirche erstmals genannt wird, nach ihrer Einverleibung ins Kollegiatkapitel Völkermarkt jedoch das Patrozinium wechselte. Die Kirche verkörpert den Typ eines (nach)romanischen Saalraumes mit angebautem Chorquadrat, dessen Kreuzgratwölbung bereits dem 14. Jh. zugehört. An der Nordseite wurde noch in der Spätgotik ein Turm zugebaut, neben dessen südlichem Schallfenster man eine Granate aus der Zeit der Abwehrkämpfe (1919) konserviert hat. Der Raumeindruck des Langhauses wurde im späten 18. Jh. durch den Einbau eines großen Platzlgewölbes mit Bildern einer Marienkrönung und der vier Evangelisten in den Zwickeln und einer gleichfalls platzlgewölbten Westempore völlig verändert. Wertvoll sind die mittelalterlichen Wandmalereien: an der südlichen Außenwand, bisher durch den Dachstuhl der Sakristei verborgen und nun von der Vorhalle aus sichtbar, Teile der Genesis und der Passion Christi (um 1440/50); innen im Presbyterium ein Feiertagschristus und ganzfigurige Aposteldarstellungen von der auch in Tainach tätigen Südtiroler Malerwerkstätte (um 1425). Während der Hochaltar aus der Zeit um 1675 stammt, sind die beiden Seitenaltäre Mitte des 18. Jhs. angefertigt worden; an barocker Ausstattung sind noch ein Kruzifix, eine trauernde Maria und Maria Magdalena erwähnenswert.

Die Pfarrkirche St. Franziszi bei Gattersdorf gegen Nordwesten

Südöstlich im Kirchhof steht der frühgotische **Rundkarner** mit einfachen Strebepfeilern ohne Stufung, einer halbrunden Konsolapsis und Lanzettfenstern mit Marmorgewänden (13. Jh.). Er trägt an seiner Südseite eine Darstellung des Jüngsten Gerichts um 1440/50. Das von einer sechsteiligen Bandrippenkuppel überwölbte Obergeschoß wurde 1989 zu einer Aufbahrungshalle adaptiert.

Der stattliche **Pfarrhof** ist nach Wiederverselbständigung der Pfarre 1789/90 im josephinischen „Plattenstil" (mit flachen und einfachen Dekorationsformen) errichtet und 1876 großzügig umgebaut worden.

Auf einem Hügel südwestlich von St. Stefan finden sich nur noch wenige Spuren der Burg **Niedertrixen.** 1251 übergab Seyfried von Mahrenberg (Radlje ob Dravi), der später im Kampf gegen König Ottokar II. eine tragische Rolle spielen sollte, das von seinen Vor-

Das Christophorusfresko des 16. Jhs. an der Südfassade von St. Martin bei Niedertrixen

Kopien der karolingischen Flechtwerksteine um 800 als Reste einer Altarabschrankung, angebracht in der Vorhalle von St. Martin bei Niedertrixen

fahren widerrechtlich auf St. Pauler Grund errichtete „novum castrum“ dem Kloster und erhielt es als Lehen zurück. Später kam es an die Kärntner Herzöge, die es als Lehen oder Pfandobjekt ausgaben, etwa an die Spangstein, hierauf an die Grafen Urschenpeck, welche die Herrschaft nach 1623 mit der Heunburg vereinigten. Valvasor überliefert 1688 eine im 16. und 17. Jh. mächtig ausgebaute, halbwegs regelmäßige Vierflügelanlage mit Südostturm und Torbau, deren Grundriß im Umfang von ca. 30 x 30 m im dicht verwachsenen Gelände noch erkennbar ist.
Der östlich des Burgberges gelegene, seit 1571 **Tachenstein** genannte Edelmannsitz des Spätmittelalters wurde im 16. oder 17. Jh. hakenförmig ausgebaut sowie mit einer Zinnenmauer umgeben und befand sich zur Zeit Valvasors im Besitz der Grafen von Welz. Im 18. Jh. durch Blitzschlag zerstört, wurde er notdürftig wieder bewohnbar gemacht, in den dreißiger Jahren des 20. Jahrhunderts aber bis auf den Keller abgerissen und an seiner Stelle das bäuerliche Wohnhaus „Gut Dachenstein“ errichtet.

Von Völkermarkt zu den Wehrkirchen der Saualpe

Gemeinden Völkermarkt und Diex

Die Stadt **Völkermarkt** verdankt ihre Entstehung und Bedeutung der günstigen verkehrsgeographischen Lage durch das Zusammentreffen mehrerer Verkehrswege, insbesondere der Eisenstraßen von Hüttenberg und dem Lavanttal über den Seeberg nach Krain. Eine erste Siedlung entstand um die alte salzburgische Pfarre St. Ruprecht. Dieser urk. zuerst 1105/26 genannte „Markt des Folko“ gelangte 1161 durch Schenkung an das Benediktinerstift St. Paul. 1217 ließ jedoch Herzog Bernhard eine Draubrücke errichten und 1231 trotz Einspruchs von St. Paul einen neuen Markt über dem Steilabfall zur Drau gründen – das heutige Stadtzentrum. Im Laufe des 13. Jahrhunderts erlangte Völkermarkt Stadtrechte, während St. Paul bis auf die Zolleinnahmen allmählich seine Rechte an den Landesfürsten verlor. Seit 1268 Sitz einer herzoglichen Münzstätte, war Völkermarkt 1292/93 Zentrum der Auseinandersetzungen zwischen Ulrich von Heunburg und dem Landesfürsten. Die Stadt erlebte, begünstigt durch Eisenniederlagsprivilegien des 15. Jhs., im Spätmittelalter und früher Neuzeit eine Blüte als Handelsstadt, beherbergte 1470 einen Generallandtag der innerösterreichischen Länder und übertraf an Bedeutung Klagenfurt. Durch das Kollegiatkapitel auch zum kirchlichen Zentrum geworden, war es sogar als Sitz eines gegenreformatorischen Bistums vorgesehen. Die wirtschaftliche Stagnation des 17. und 18. Jhs. konnte auch durch den kurzzeitigen Sitz eines Kreisamtes (1748 – 82) nicht ausgeglichen werden; die Eisenbahn führt seit 1863 weitab der Stadt durch Kühnsdorf.

Figurengrabstein des Ehrenreich Ungnad Freiherr von Sonnegg (+ 1598) am Wehrturm bei der Neuen Burg in Völkermarkt

Ende November 1918 besetzten jugoslawische Truppen die Stadt, die jedoch Anfang Mai 1919 zurückgeworfen werden konnten. Völkermarkt ist heute ein florierendes Dienstleistungs- und Gewerbezentrum mit einem Gemeindegebiet (seit der Einverleibung mehrerer Nachbargemeinden 1973) von rund 137 km^2 und etwa 12.000 Einwohnern. Die Stadt und ihre Umgebung bietet interessante Beispiele moderner Architektur, u. a. von Josef Klingbacher, Klaus Mayr („Neue Burg") und Günther Domenig (Gewerbepark GIG).

Großteils bereits auf das 13. Jh. geht der markante dreieckige Grundriß der Stadt gegen den Steilabfall zur Drau hin zurück. Dieser Bereich war ummauert, und Teile der mittelalterlichen Stadtmauer kann man noch entlang des „Stadtmauerweges“ im Westen sowie beim alten „Türlein“ zum Drauabfall sehen. Vom langgestreckten Hauptplatz in Nord-Süd-Richtung führen westlich parallele Straßen weg, die sich vor dem ehemaligen Klagenfurter oder oberen Tor vereinigen und von zwei Parallelstraßen gekreuzt werden; im Osten vereinigen sich drei vom Platz wegführende Straßen vor dem ehemaligen Griffner oder unteren Tor. Vor diesen beiden Toren entstanden früh Vorstädte.
Mittelpunkt der spanheimischen Marktverlegung von 1231 war der über 200 m lange, ursprünglich vielleicht breitere **Hauptplatz** (heute 30 m). Den nördlichen Abschluß beherrscht die ehemalige Spanheimerburg (mit bautopographischen Parallelen zu St. Veit und Klagenfurt), die Kaiser Friedrich III., der hier noch 1470 Hof hielt, der Stadt schenkte. Viel später diente sie als Kaserne und beherbergt heute das **Rathaus**. An der klassizistischen Fassade um 1840 erkennen wir östlich angebaut noch die gotischen Strebepfeiler der schon 1256 genannten, mittlerweile längst profanierten Burgkapelle St. Johannes. Eine gewölbte Einfahrt führt zum nördlichen Um- und Zubau von 1949/51 mit der städtischen Feuerwache und zum Veranstaltungszentrum „Neue Burg“ (Klaus Mayr 1982/84). An die Stadtmauer erinnert noch der mächtige runde Kanonenturm mit Leiterwulst, der Burgturm (um 1530), in dessen Sockel außen der Figurengrabstein des Ehrenreich Ungnad von Sonnegg (+ 1598, als gerüsteter Ritter dargestellt), eingemauert wurde. Östlich des Rathauses finden wir eine kleine Parkanlage mit Lapidarium (Säulen, Grabsteine etc.) des anschließenden **Bezirksheimatmuseums** (Faschinggasse 1), ein hübsches Bürgerhaus mit Biedermeierfassade. Schwerpunkt der Sammlungen sind die Kultur- und Wirtschaftsgeschichte der Stadt und ihrer Umgebung sowie eine Dokumentation der Volksabstimmungszeit (1918 – 1920).
In der Mitte des Platzes erhebt sich die **Dreifaltigkeitssäule**, als Erinnerung an die Pest im Jahre 1715 von den Bürgern gestiftet, mit einer Plastik des Gnadenstuhles an der Spitze. Die Häuser am oberen Hauptplatz mit Grundmauern aus dem 16. Jh. und geringen spätmittelalterlichen Resten weisen großteils Fassaden des 19. Jhs. (Biedermeier und Historismus) auf. Hervorzuheben ist das alte Rathaus an der Ecke zum unteren Hauptplatz mit seinem an zwei Seiten umlaufenden Laubengang auf achteckigen Pfeilern (am westlichsten Pfeiler außen, kaum mehr sichtbar, bez. 1499) und einem verstäbten gotischen Portal an der Ostseite.

Die platzseitige Fassade der Völkermarkter Burg (heute Rathaus) mit den Strebepfeilern der ehemaligen Johanneskapelle

Am Unteren Hauptplatz erhebt sich die 1966 errichtete, anläßlich der Neugestaltung des Platzes im Jahre 2000 jedoch beträchtlich veränderte Gedenkstätte für die Opfer der Weltkriege wie auch für die Abwehrkämpfe und die Volksabstimmung von O. Höfinger (Entwurf: H. Schmieder); zwischen den beiden monumentalen Blöcken mit pathetischen Reliefs stand ursprünglich ein Obelisk.
An der Biedermeierfassade des Alten Brauhauses (Bürgerlustgas-

Das romanische Westportal der Kollegiats- und Stadtpfarrkirche St. Maria Magdalena in Völkermarkt (M. 13. Jh.)

se 2) blieb ein bemerkenswertes **Marmorportal** der Renaissance (16. Jh.) mit einem Greifenpaar im Bogenzwickel und gedrehten Säulchenvorlagen erhalten; der Hof und das Innere weisen eine interessante Säulenverkleidung aus der Biedermeierzeit (?) auf. In der Nähe führt durch das „Alte Türlein" ein Fußgängerweg zur Drau. Über ihrem Steilabfall wurde schon im 19. Jh. die **Bürgerlust** als zeittypische Parkpromenade angelegt, von der man einen schönen Ausblick auf das Jauntal und die Karawanken hat. Die 1961 neuangelegte Brücke über den Stausee führt die Kurve der

Straße über das Wasser fort. 1995/96 wurde der Park zu einem Lapidarium mit unterschiedlichsten Skulpturen bzw. Werkstücken eines Bildhauersymposiums im Krastal umgestaltet; bemerkenswert ist etwa Michael Printschlers „Geborgenheit der Gewohnheit“). Vor dem Steilabfall zur Drau erhebt sich auch das gründerzeitliche **Bezirksgericht** (1896).
Vom Hauptplatz führt östlich in leichter Krümmung die **Kirchgasse** weg: Nördlich folgen unmittelbar aufeinander drei ehemalige Kapitelhäuser (Nr. 5 – 9), deren östlichstes, das Fischinger Kanonikatshaus, noch seine dezente spätbarocke Fassade besitzt. Südseitig verdient zunächst die **Neue Propstei** (Nr. 6) Erwähnung, das 1654 erbaute Stadthaus des damals schon meist in Tainach residierenden Völkermarkter Propstes, das um 1840 eine anmutige neue Biedermeierfassade erhielt und 1990 mit viel Gespür zum Pfarrkindergarten adaptiert wurde, wobei viele Details der Barockzeit (Stuckdecken etc.) und ein klassizistischer Kachelofen um 1840 erhalten geblieben sind. Daran schließt die **Neue Dechantei**, der heutige Pfarrhof, an (Nr. 8), ein repräsentatives dreigeschoßiges Herrenhaus des 17. Jhs. mit Walmdach und gartenseitiger Loggia (der Dekan/Dechant des Völkermarkter Kapitels war als ranghöchster Kapitular nach dem Propst zugleich Stadtpfarrer). Im Untergeschoß verdienen die alten Kästen des Kapitelarchivs aus dem späten 18. Jh. Erwähnung, im Obergeschoß das sog. „Bischofszimmer“ mit Schablonenmalereien des 19. Jhs. und einem Ofen im Stile des Neo-Rokoko.

Wir erreichen den Kirchplatz der **Kollegiats- und Stadtpfarrkirche St. Maria Magdalena**, vor der die spätgotische **Lichtsäule** von 1477 aufragt, eine Stiftung der Schuster- und Lederer-Bruderschaft. Die Gründung eines Kapitels mit einem Propst und 12 Kanonikern durch Erzbischof Eberhard II. erfolgte 1231 zunächst in St. Ruprecht. Die Kirche wurde unmittelbar nach der herzoglichen Marktverlegung von 1240 bis 1248 erbaut. An der Doppelturmfassade, deren Südturm nach dem Erdbeben von 1690 tw. abgetragen wurde, fällt der Vorbau mit bemerkenswerten plastischen Ölberg- und Kreuzigungsszenen in Nischen aus der Barockzeit auf. Ein beachtliches spätromanisches Trichterportal führt in die Vorhalle mit Rippenwölbung des 13. Jhs. Die Kirche ist eine spätgotische dreischiffige Basilika mit vermauerten Obergadenfenstern und einem Stern- und Netzrippengewölbe aus der zweiten Hälfte des 15. Jhs., der Blütezeit der Stadt.
Der hohe **Chor** mit spätgotischem Sakristeiportal und Sessionsnischen sowie einem barocken Chorgestühl wird von Statuen der Immakulata, Johannes Nepomuk und einem Ecce-Homo-Bild

Völkermarkt gegen Westen, Ölgemälde von Markus Pernhart aus der Mitte des 19. Jahrhunderts

geschmückt. Der barocke Hochaltar wurde 1949/50 verändert und erhielt ein Magdalenenbild von Toni Hafner; zu nennen sind im Chor weiters der Porträtgrabstein des Propstes Georg Marko (+ 1672) sowie ein Votivbild mit Stadtkulisse (1796).
Der nördliche Nebenchor (Dreifaltigkeitskapelle) besitzt ein Wandfresko von 1460 (Maria und Heilige, Propst Conrad als Stifter) sowie einen prunkvollen Marien- bzw. Rosenkranzaltar von ca. 1735; zu nennen ist auch der Grabstein Ulrich Pfinzings, Abtes von St. Paul 1515 – 30.
Der südliche Nebenchor (Marienkapelle) trägt an seiner Stirn ein Steinfigurenpaar (Atlanten) aus dem 14. Jh.(?). Von einem Wandfresko mit Szenen aus dem Marienleben (um 1500) sind noch fünf Szenen erhalten; anstelle eines Altares wurde eine Pietà im weichen Stil (um 1410/20) aufgestellt. An das Südschiff wurde im 17. Jh. die Kreuzkapelle mit einem düsteren Altar angebaut, in dem wir einen spätgotischen Kruzifix finden; die Deckenbilder (Passion und Auferstehung Christi) stammen aus der Jahrhundertwende.
Das **Langhaus** zeigt im Südschiff Wandmalereien einer Schutzmantelmadonna und des hl. Christophorus über der Kreuzkapelle (2. H. 15. Jh.) sowie eine schlanke gotische Sandsteinmadonna des späten 14. Jhs. aus der Klosterkirche der Augustiner, wobei dem Kind der Kopf fehlt, welcher der Legende nach in der Reformationszeit vergraben worden sein soll. Das Mittelschiff trägt die Kanzel von 1769, das Nordschiff zeigt spätgotische Wandfreskenreste aus dem Leben der hl. Barbara, eine Kreuzigung der zweiten Hälfte des 16. Jh. sowie Deckenfresken einer lokalen Werkstatt um 1460.
In der **Eingangshalle** sind bemerkenswerte Grabsteine des 15. und

Völkermarkt, Klagenfurter Straße 16: Villa mit Lobisserfresko (ca. 1937)

16. Jhs. (darunter der Witwe Martha Mager + 1559) sowie ein Freskenrest einer Kreuzigung um 1400 zu nennen.
In der Südwestecke des **Kirchplatzes** steht das Wildenmanner Benefiziatenhaus (Kirchgasse 14), an das der mehrmals umgebaute St. Pauler Zollhof (Kirchgasse 16), das mit den Freitreppen und dem vorgezogenen Dach urtümlich wirkende Kapitelmesnerhaus (Nr. 18) und die alte Stadtschule (mit Jahreszahl 1558 und Stadtwappen, Nr. 20) anschließen.
Parallel zur Kirchgasse verläuft die 2. Mai-Straße, wo wir im Haus der alten Dechantei (Nr. 12) noch ein profiliertes gotisches Spitzbogenportal des 15. Jhs. finden. Beim Zusammentreffen der beiden Gassen und der nördlichen Faschinggasse lag das Griffnertor, von dem noch Reste des Torbogens erkennbar sind. Rechts schließt das Haus der Bäckerfamilie Scheucher mit Wandmalereiresten einer Immaculata, des hl. Florian und des Zunftzeichens an (1737 von Stephan Scheicher in Auftrag gegeben). Schräg gegenüber erstreckt sich das gründerzeitliche Ensemble der Brauerei Nagele.

Auf einem Sporn südöstlich der Stadt oberhalb des 1786 neuangelegten Friedhofes erstrahlt seit 1990 die **Kalvarienbergkirche** in neuem Glanze. Über Initiative des Bürgers Valentin Pacher 1779 erbaut und im zweiten Viertel des 19. Jh. vergrößert sowie mit einer neuen klassizistischen Fassade versehen, weist sie innen einen Saalraum mit eingezogenem, gerade schließendem Chor und einen spätbarocken Kreuzigungsaltar der Bauzeit auf. Ein wenig aggressiv-modern wirkt die Aufbahrungshalle in Beton mit Natursteinverkleidung und dem Betongußrelief des Jüngsten Gerichtes. Der

Kreuzweg vom Friedhof zur Kalvarienbergkirche besteht aus herkömmlichen gemauerten Nischenbildstöcken, welche moderne, aus Holz, Beton und Blech gefertigte Stationsbilder erhielten.
Auch die Gassen im Westen der Stadt haben durch die neue Pflasterung und eine Fußgängerzone gewonnen (Münzgasse). Ein malerisches Motiv ist das sezessionistische Haus Schwanengasse 1 (1909) beim spitzwinkeligen Zusammentreffen mit der 10.-Oktober-Straße, westlich davon stand das 1864 abgetragene obere Tor, vor dem sich der Alte Postplatz mit einem Marmorbrunnen von 1846 (renoviert 1954) in neuer Einfassung präsentiert. In der Mettingerstraße verdient das repräsentative Hauptschulgebäude der Gründerzeit (1900) Erwähnung.
Die Klagenfurter Vorstadt birgt stadtauswärts noch zwei bemerkenswerte historische Denkmäler: Hinter einer Gartenanlage nördlich der Straße befand sich das ehemals älteste **Augustinerkloster** Österreichs: Aufgrund einer Schenkung Herzog Ulrichs erfolgte hier schon 1256 die Übernahme eines Spitals durch den Orden, sechs Jahre später konnte die Klosterkirche zu Ehren der Gottesmutter geweiht werden. Das Kloster erlebte in der Reformationszeit eine schwere Krise (Luther gehörte ja selbst den Unbeschuhten Augustinereremiten an!) und war zwischenzeitlich sogar aufgehoben, erlebte jedoch noch eine barocke Blüte und wurde erst 1808 wegen Brüdermangels aufgelöst. Der Unternehmer Peter Rudolfi soll dem von ihm erkauften Kloster wegen des eingestürzten Kirchturms den Namen „Schloß Thurnfall“ gegeben haben, der im Volksmund noch gebräuchlich ist. Seit 1887 ist hier die Bezirkshauptmannschaft untergebracht. Nach mehreren Umbauten, denen auch die Kirche zum Opfer fiel, zeigt sich das Gebäude heute als mächtiger Vierkanter, an den nördlich Wirtschaftsbauten in Hufeisenform mit reizvollen Ziegelgitterfenstern anschließen. An der Fassade wurde ein Granatentreffer von 1919 konserviert. Direkt an der Straße davor finden wir die **Rosalienkapelle**, einen Nischenbildstock zum Gedenken an die Pest mit Schnitzwerken der Maria Immakulata, der Pestheiligen Rochus und Sebastian sowie in einer Nische liegend Rosalia (um 1720).
In geringer Entfernung erhebt sich direkt an der Südseite der Straße das ehemalige, im 14. Jh. gegründete **Bürgerspital**, ein hakenförmiger Bau, und diesem östlich angefügt die längst profanierte Spitalskirche zum hl. Jakob, ein spätgotischer Saalraum des 15. Jhs. mit Netzrippenwölbung, der neuerdings für kulturelle Zwecke genutzt wird. Das eingezogene Chorpolygon besitzt Maßwerkfenster, einen umlaufenden gemalten Schachbrettfries und eine straßenseitig angefügte Kopfkonsole; ein Glasfenster wurde von Giselbert Hoke gestaltet. Im Chorscheitel ist das Stadtwappen angebracht. Gegen-

über (Klagenfurter Straße 16) steht eine **Villa** der dreißiger Jahre mit rundem Loggienvorbau an der Südwestecke sowie einem Fresko des hl. Christophorus mit Putten von Switbert Lobisser (ca. 1937). Weiter stadtauswärts finden wir noch eine renovierte **Wegkapelle** des 19. Jhs. mit Madonnenfresko und Kreuzigungsgruppe.

Nordwestlich des Stadtzentrums steht die alte salzburgische Pfarrkirche **St. Ruprecht**. Bereits 1043 als Mutterpfarre der drei Hemmakirchen im Trixnertal von Bedeutung, bildete sie das alte Völkermarkter Siedlungs- und Marktzentrum vor 1231 und war Gründungsort des Kollegiatkapitels. Das heutige Erscheinungsbild wird durch die gotisierende Fassade aus der Zeit um 1862/66 mit Radfenster, Rundbogenfriesen und Blendmaßwerk geprägt. Der romanische Chorturm mit Rundbogenfriesen und Lisenen (12. Jh.) gilt als eines der schönsten Beispiele Österreichs, wurde aber im oberen Teil im 19. Jh. ergänzt: Der achteckige Aufsatz mit Spitzhelm nach oberitalienischem Muster stammt von 1857. Im Tympanon des gestuften romanischen Westportales finden wir eine römische Kassettenplatte.
Der ursprünglich flachgedeckte Saalraum, dessen Auflagen der Trambalken im Dachboden noch sichtbar sind, erhielt eine barocke Stichkappentonne mit kräftig vortretenden Wandpfeilern. Während sich der ursprüngliche Altarraum im Turmuntergeschoß befand, wo sich noch heute eine spätgotische Sakramentsnische mit Fialen und Krabben befindet, wurde im späten 18. oder 19. Jh. das östlichste Langhausjoch durch einen Triumphbogen abgesondert und mit einer Halbkuppel versehen. In der Einrichtung überwiegt das Barock, etwa im Hochaltar mit einem allerdings spätgotischen Kruzifix, dem linken Marienaltar um 1750 mit einer schönen Tabernakeltür, der kleinen Kanzel und dem schon nachbarocken rechten Seitenaltar mit einer jüngeren Darstellung des Antonius Abbas („Sautoni“). Die südlich an das Langhaus angebaute kleine Seitenkapelle des 14. Jhs. birgt einen neugotischen Altar von Alois Progar (1910) mit einem Relief des knienden jugendlichen Heiligen Aloisius vor einer Madonnenstatue. Leider hinter einem Beichtstuhl an der Westwand verborgen ist der frühgotische Wappengrabstein des Friedrich von Rechberg um 1283.
Nördlich der Pfarrkirche erhebt sich als Kriegerdenkmal der romanische **Rundkarner** mit gotischem Polygonalchor. Der **Pfarrhof** wurde 1889 neuerrichtet.

Unweit von St. Ruprecht erhebt sich auf einem Hügel das in der zweiten Hälfte des 16. Jhs. von der geadelten Völkermarkter Ratsherrenfamilie Um(b)fahrer erbaute Schloß **Kohlhof**, heute im Besitz

Völkermarkt, Blick vom Friedhofsportal auf die Vorstadtpfarrkirche St. Ruprecht

der Familie Mayrhofer-Grüenbühl. Durch die Verbindung zweier paralleler Trakte, von denen der nördliche noch ein gekuppeltes Fenster des 16. Jhs. aufweist, mittels eines gedeckten Ganges entstand im 16. und 17. Jh. eine hufeisenförmige Anlage. Im 19. Jh. wurden die beiden östlichen Ecktürme abgetragen und stattdessen im Süden ein dreigeschoßiger Turm mit romantischem Zinnenkranz neuerrichtet; die Rupertuskapelle im Südtrakt wurde profaniert.

Weitab der Hauptstraße liegt die überraschend geräumige heutige Filialkirche **St. Agnes**, deren mächtiger Chorturm des 13./14. Jhs. wie der Friedhof ursprüngliche Pfarrechte andeutet, während das Langhaus in spätgotischer Zeit in eine dreischiffige Basilika umge-

Karner und Filialkirche St. Agnes bei Völkermarkt gegen Norden

wandelt wurde. Die Kirche gehörte zum Kollegiatkapitel Völkermarkt, in dessen Pfründenverzeichnis von 1332 sie erstmals genannt wird. Von einer breiten und sehr hohen Vorhalle mit Flachdecke führen zwei Portale, davon das südliche als plumper Eselsrücken ausgeführt, in die Kirche, deren Gewölbe im Spätbarock (?) erneuert wurden. Bemerkenswert sind die großteils nur in der Vorzeichnung und in Resten der ursprünglichen Farbigkeit erhaltenen Fresken im Altarraum, dem Turmuntergeschoß, aus der zweiten Hälfte des 14. Jahrhunderts: an der Südwand u. a. Bildfelder mit Passionsszenen, an den Gewölbeansätzen Allegorien der vier Elemente (kleine nackte Figuren, auf unterschiedlichen Tieren reitend), und in den Gewölbefeldern die Evangelisten und Kirchenväter (?). Die Einrichtung stammt mit Ausnahme eines etwas älteren Wandaltares und einer gemauerten Kanzel aus dem Hoch- und Spätbarock. Südöstlich der Kirche erhebt sich der frühgotische **Rundkarner** (13. Jh.) mit schindelgedecktem Kegeldach und einer Halbkreisapsis auf einer gestuften Konsole. 1976 entdeckte man am sechsteiligen Rippengewölbe eine reiche ornamental und pflanzlich gemalte Dekoration aus der Zeit um 1320/30, weiters in den Wandlünetten szenische Darstellungen aus der Kindheit Christi (Zug der Heiligen Drei Könige samt thronender Madonna, Geburt und Darbringung Christi im Tempel).

Knapp an der Straße vom Trixnertal liegt halbwegs zwischen St. Stefan und Haimburg hinter einem Erdwall malerisch hingestreckt Schloß **Thalenstein** in form gegen Süden offene, dreigeschoßige Hufeisen. Benannt wurde es nach Bernhard Thalant, Pfleger der Herrschaft Heunburg, der den Edelsitz hier im späten 15. Jh. errichtete. Das landesfürstliche Lehen wechselte häufig seine Besitzer (Mager von Fuxstatt, Saurau), gehörte seit 1799 den Grafen Egger und seit über einem Jahrhundert der Familie Helldorf. Heute wird der Eindruck vom Giebel und Fassadenelementen des 18. Jhs. bestimmt, die Beletage besitzt Segment- und Dreiecksgiebel. An die Westseite angebaut ist die kleine, 1727 geweihte Schloßkapelle St. Anna, die in einer Nische das Sandsteinfragment einer Madonna mit Kind vom Tympanon des Stiftes Griffen birgt (M. 13. Jh.)
Am östlichen Abhangrücken der Wandelitzen finden wir die Ruinen der **Rauterburg**, als Stammsitz der Grafen von Heunburg auch als Alt-Heunburg bezeichnet. Die trapezförmige Anlage (ca. 42 x 21 m) umfaßt das feste Haus, einen Hof und den Bergfried. Die Westteile sind infolge ihrer schildmauerartigen Verstärkung besser erhalten, während die östlich vorgelagerte Vorburg stark verfallen ist . Das lagerhafte Mauerwerk mit „opus spicatum" (Steinschichtung in Ährenform) weist ins 12. Jh.

Auf einem Kalkfelsen nahe den Ausläufern der Saualpe erheben sich weithin sichtbar die Ruinen der **Heunburg**, dem Stammsitz eines der bedeutendsten Adelsgeschlechter Kärntens. Der erste urkundlich gesicherte Ahnherr war Gero (1070); den Höhepunkt ihrer politischen Macht erreichte die Familie unter Graf Ulrich, der 1293 am Wallersberg gegen die Grafen von Görz-Tirol unterlag, und mit dessen Sohn Hermann 1322 das Geschlecht erlosch. Rechtsnachfolger auf der Heunburg waren die Görzer, seit 1460 die Landesfürsten aus dem Geschlecht der Habsburger. Der folgende rege Besitzerwechsel wurde erst 1794 durch die Grafen von Egger gestoppt, deren Erben, den Freiherren von Helldorf, die Heunburg noch heute gehört.

Die Heunburg, Bleistiftzeichnung von Markus Pernhart M. 19. Jh.

Ein bequemer Weg windet sich um die langgestreckte Ruine und führt unterhalb des schlanken Torturmes aus dem 16. Jh. in den Burghof, von dem man einen guten Ausblick nach Süden und Osten hat. Ein langgestreckter mittelalterlicher Trakt aus einer Abfolge von vier Räumen, von denen der westlichste die alte Burgküche birgt, verbindet den Torturm mit dem baugeschichtlich interessantesten Hauptgebäude, das seit kurzem nicht nur durch ein Walmdach wieder vor dem Verfall geschützt ist, sondern als Bühne und Zuschauerraum für anspruchsvolle Theaterstücke des professionellen Ensembles K.L.A.S. adaptiert wurde. Die gegen Westen unregelmäßig polygonal vorspringende, bis 2,4 m dicke Außenmauer umschloß bei ihrer Errichtung im 13. Jh. im Osten ursprünglich einen Wohnbau mit Pultdach, von dem die bemerkenswerte Torhalle in der Südostecke mit Kreuzgratgewölben auf einem Mittelpfeiler erhalten geblieben ist, während westlich daran ein Hofraum anschloß. Im Spätmittelalter erfolgte dessen Verbauung mit gewölbten Räumen im Untergeschoß und Räumen mit hölzernen Balkendecken darüber; auch zwei Stiegen wurden eingebaut.
Östlich davon erhebt sich auf einer kleinen Terrasse des Burgberges als einfacher Rechteckbau das sogenannte **Schloß**, eigentlich das neuzeitliche Verwaltungsgebäude der Herrschaft.
Am Fuße der Burg liegt das Dorf **Haimburg** mit der Pfarrkirche zu Ehren **Mariä Himmelfahrt**, die urkundlich erstmals 1272 genannt wird und seitdem mit Unterbrechungen bis zu seiner Aufhebung dem Stift Griffen inkorporiert war. Innerhalb der hohen Kirchhofmauer, ein Indiz für die Bewehrung gegen die Türkengefahr, erhebt sich das in seinem Erscheinungsbild heute spätgotisch geprägte Bauwerk. Der Westturm mit achteckigem Spitzhelm wurde nach

Die Ehrenhoffassade von Schloß Thalenstein

einem Erdbeben von 1767 teilweise erneuert. An das vierjochige Langhaus mit einem Netzrippengewölbe des frühen 16. Jhs. und Schwingrippen im Scheitel schließt ein auffallend hoher Chor in der Breite des Langhauses an, dessen Netzrippen auf polygonalen Diensten älter als die des Langhauses sind (3. V. 15. Jh.) und der ein reich verziertes Sakramentshäuschen aufweist. Seine Gewölbemalereien mit einer Madonna im Strahlenkranz, Christus Salvator, dem Martyrium der hl. Barbara, Evangelistensymbolen und den Kirchenvätern sowie musizierenden Engeln entstanden 1473. Die Westempore mit ihren Platzlgewölben ist nachbarock.
Der beeindruckend große Hochaltar von 1673 mit dem Marientod als Hauptbild zeigt mit der Statue des Ordensgründers Norbert den Bezug zum Stift Griffen. Die Seitenaltäre stammen von 1747, der Wandaltar ist rd. eine Generation älter. Die Kirche ist reich an Bildwerken des 17. bis 19. Jhs., von denen eine spätgotische Schüssel mit dem geschnitzten Kopf Johannes des Täufers und das Holzepitaph des Hans Kometter (mit Rollwerkumrahmung, Wappen und der Auferstehung Christi) von 1617 hervorgehoben werden müssen. Eine besondere Sehenswürdigkeit ist jedoch das spätgotische Fastentuch aus dem Jahr 1504 mit 36 Szenen aus dem Alten und Neuen Testament im Sinne einer erzählenden Armenbibel.

Wenig östlich davon erhebt sich am Beginn des Dorfes **Gletschach** die Filialkirche St. Thomas mit charakteristischen Steinplattldächern und einem auffallend schlanken Spitzhelm des östlichen Dachreiters. Der kleine Bau besitzt eine Vorlaube, ein flachgedecktes Langhaus mit zwei erkennbaren rundbogigen Trichterfenstern der Roma-

Die Wehrkirche von Diex

nik und einen gotischen Polygonalchor. Die Einrichtung stammt, abgesehen vom älteren Altarrahmen der Vorlaube, aus dem 2. Viertel und der Mitte des 18. Jhs.
Von Haimburg führt eine Straße auf den **Haimburgerberg**, wo in Hanglage mit der 1314 erstmals genannten Filialkirche zum h**l. Lambert** ein vorzügliches Beispiel eines romanischen Kleinkirchenbaues mit flachgedecktem Langhaus und tonnengewölbtem Chorquadrat aus dem 13. Jh. erhalten geblieben ist. Das steinplattlgedeckte Gebäude besitzt eine Vorhalle, einen sechseckigen

westlichen Dachreiter und neben den drei Altären aus der Zeit um 1700 (der Hochaltar ist 1703 datiert) auch noch spätgotische Heiligenstatuen.

Eine parallele Straße führt westlich von Haimburg unter der Rauterburg vorbei ins sonnenreiche Bergdorf **Diex**. Bereits im Jahre 895 schenkte der letzte amtsfähige Karolingerkönig Arnulf seinem Getreuen Waltuni, einem Vorfahren der Hemma von Gurk, neben Burgen im Trixnertal den beweidbaren Wald am Diexerberg. Aus der extensiv genutzten Gegend entstand bis zur Mitte des 13. Jhs. eine bemerkenswerte bergbäuerliche Kulturlandschaft mit auffallend vielen geistlichen Grundherren (die Bistümer Gurk und Bamberg, die Stifte Griffen, St. Paul und das Kapitel Völkermarkt). Die Pfarrkirche zum hl. Martin wird aber erst 1326, also ungewöhnlich spät, genannt, der erste Pfarrer Nikla noch später, als er 1387 mit Zustimmung des Völkermarkter Propstes und Dechants, die beide das Patronatsrecht über Diex ausübten, einen Hilfspriester einsetzte, weil er auch Grafenbach und Wölfnitz mitzubetreuen hatte.
Nach den fünf Türkeneinfällen in Kärnten zwischen 1473 bis 1483 und weil der Adel z. T. auch wegen einer starken Besitzzersplitterung die Untertanen nicht zu schützen vermochte, griff die Bevölkerung besonders nach der ersten Türkenbelagerung von Wien 1529 und dem Türkenfeldzug durch Ostösterreich 1532 zur Selbsthilfe. Je nach technischen und wirtschaftlichen Möglichkeiten versahen zahlreiche Pfarrgemeinden ihre Kirche mit einem System von Wehranlagen, deren eindrucksvollste am Südabhang der Saualpe erhalten geblieben sind. In Diex entstand eine ca. 5 m hohe, im unregelmäßigen Sechseck umlaufende **Wehrmauer** mit gedecktem Laufgang. Im Osten und Westen sichern zwei Rundtürme mit Schlüsselscharten in der alten Kirchenachse die Flanken, während sich in der Nordostecke der viereckige Torbau (hofseitig bez. 1535 – diese Jahreszahl finden wir eingemauert auch beim jüngeren westlichen Friedhofseingang) mit Resten einer Zugbrücke und profiliertem Rundbogenportal befindet. Die tonnengewölbte Einfahrt führt in den durch die barocke Erweiterung der Kirche verkleinerten Hof. Am Ende einer Freitreppe ins Obergeschoß finden wir ein profiliertes Spitzbogenportal (noch 15. Jh.?). Ebenfalls an der nördlichen Wehrmauer wurde etwas später ein zweites Rundbogenportal schon in Formen der Renaissance mit dem Relief einer Segenshand eingebaut. An der Südseite wurde der zweigeschoßige rechteckige Pfarrhof in die Wehranlage einbezogen, über dessen Portal ein Schild mit dem Relief einer Segenshand die Vergrößerung des Pfarrhofes im Jahre 1755 festhält. Die gut erhaltene Wehrkir-

che ist trotz bäuerlicher Selbsthilfe wohl kaum ohne Mitarbeit professioneller Bauleute entstanden.
Die **Pfarrkirche** innerhalb der Mauern war ursprünglich eine romanische Chorturmkirche, der im 17. Jh. ein zweiter Turm an das Westportal angebaut wurde. Beide Türme sind noch heute neben der Wehranlage Wahrzeichen und Wappensymbol der Gemeinde. Bis 1778, also ungewöhnlich spät, wurde aus Platznot und unter Mißachtung der bisherigen heiligen Linie durch eine 90°-Drehung der Kirche ein nach Norden orientierter spätbarocker Neubau geschaffen. Die vielteilige barocke Hauptfassade im Süden, die wegen der beengten Platzverhältnisse nicht völlig zur Wirkung kommt, ist wohl im 19. Jh. bereichert und damals durch ein Vordach beeinträchtigt worden. Das breite Langhaus trägt eine Tonne mit Stichkappen, die beiden Joche sind durch einen breiten Gurtbogen mit Pilasterpaaren getrennt, welche stuckierte Kapitelle besitzen. Hinter dem einschwingenden Triumphbogen erstreckt sich ein nur kurzes Chorjoch mit Apsis, die außen polygonal vortritt. Gegenüber fällt die stark vorschwingende Orgelempore auf. An der Ostwand führt der ehemalige Triumphbogen in eine netzrippengewölbte Kapelle, und gegenüber ist im westlichen Turmuntergeschoß noch das reich profilierte ehemalige Hauptportal mit Fialen und Kreuzblumenbekrönung (um 1500) zu sehen; die Eisentür mit gotischen Beschlägen stammt wohl aus der gleichen Zeit. Die Malereien an der Decke – von der Verkündigung bis zur Verklärung Christi – und am Triumphbogen – die Hll. Michael und Martin, mit den Wappen des Kapitels Völkermarkt (hl. Maria Magdalena) und des Propstes Franz Leopold von Dreer – entstanden beim barocken Umbau.
Auch der Hochaltar mit der Statue des Titelheiligen, darüber ein Abendmahlsrelief, entstand gleichzeitig, während die beiden Seitenaltäre 1801 – 5 wegen Verwitterung des Holzes erneuert werden mußten: Der linke birgt noch eine spätgotische Mondsichelmadonna sowie barocke Pestpatrone und der rechte die Statuen der Unterweisung Mariä durch ihre Mutter. Die Ostkapelle zeigt über dem barocken Tabernakel einen bemerkenswerten Kruzifixus mit Assistenzfiguren (fr. 18. Jh.) und an der Nordwand ein Bild des hl. Dominikus beim Empfang des Rosenkranzes (19. Jh.).

Von Diex kann man bequem östlich weiter ins 1161 m hoch gelegene Dorf **Grafenbach** mit seiner bemerkenswerten **Wehrkirche** zur hl. Maria Magdalena fahren oder wandern. Das Kloster Griffen besaß hier seit 1263 vier Bauernhuben, doch ist die Kirche erst 1309 nachweisbar und unterstand überdies dem Kapitel Völkermarkt. 1487 intervenierte die Nachbarschaft um einen eigenen Prie-

Der Torbau der Wehrkirche von Grafenbach

ster samt Unterkunft, woraus Pfarrechte erwuchsen. Untragbare Zustände in der Rauchstube des alten hölzernen Pfarrhofes führten 1791 zu einem Neubau desselben.

Die Kirche am ungeschützten Nordostrand des Dorfes erhielt anläßlich der großen Türkenbedrohung 1532 eine eindrucksvolle und wohlerhaltene Wehranlage. Eine rd. 3 3/4 m hohe Steinmauer mit gezimmertem inneren Laufgang, der mit Steinplattln gedeckt ist, umzieht in einem unregelmäßigen Siebeneck die Kirche. Der Zugang im Südwesten ist durch einen aus der Mauerflucht vor-

Der Friedhof mit dem Wehrgang von Grafenbach

Der Karner der Wehrkirche von Greutschach

springenden Torturm mit Walmdach über rechteckigem Grundriß gesichert: Ein Rundbogenportal führt in die Einfahrt mit Stichkappentonne; darüber befindet sich eine Wärterstube mit anschließendem Wohnbau in Holzblockbauweise. Auf weitere Türme wurde verzichtet.
Die Kirche selbst ist heute ein einheitlicher spätgotischer Bau aus dem frühen 16. Jh. (ein Schlußstein trägt ein Steinmetzzeichen mit der Jahreszahl 1512). Im Langhaus und Untergeschoß des Südturmes könnten noch frühgotische Reste des späten 13. Jhs. stecken, letzterer wurde in zwei Etappen bis zum Türkenjahr 1532 (Jahreszahl an einem der Maßwerkfenster im Glockengeschoß) aufgestockt. Durch eine breite zweigeschoßige Vorhalle betritt man über ein reich profiliertes Kielbogenportal mit Krabbenwerk, Schild mit Meisterzeichen und Eisenplattentür das Langhaus. Das dreijochige Langhaus auf runden und der zweijochige Chor auf polygonalen Diensten tragen Stern- bzw. Netzrippengewölbe.
Überraschend ist die qualitätsvolle einheitliche Altarausstattung im schwarz-goldenen Farbakkord des späten 17. Jhs.: Der figurenreiche Hochaltar mit Opfergangsportalen, deren Türflügel mit einer geteilten Verkündigung geschmückt sind, nimmt die Apsisbreite und -höhe ein, während beiderseits des Triumphbogens schlanke Seitenaltäre zu Ehren Mariä und Barbara stehen.
Über dem Eingang zum Gasthaus Leitgeb ist ein gotischer Wimperg (Dreiecksgiebel) vermutlich von einer Sitznische der Kirche eingemauert erhalten geblieben.

Über einen langwierigen, nicht überall gut ausgebauten Fahrweg entlang der schütter besiedelten Seitengräben oder aber über eine bequemere Straße von Griffen erreicht man die dritte der Wehrkirchen, die 1094 m hoch gelegene Pfarrkirche St. Martin zu **Greutschach**. Sie wird bereits in der Schutzurkunde Papst Gregors IX. von 1237 für das neugegründete Kloster Griffen genannt und besaß am Ausgang des Mittelalters volle Pfarrechte, später allerdings wurde sie meist von benachbarten Pfarren mitbetreut, bis sie 1787 erneut zur Pfarre erhoben wurde.
Auch die Greutschacher Kirche wird von einer wohlerhaltenen Wehrmauer mit holzgezimmerten und gedeckten Gängen in Form eines unregelmäßigen und geräumigen Siebenecks umgeben. Zusätzlich zum quadratischen Torbau im Osten schützten zwei halbrunde Türme im Westen und Süden; auch der Dachboden der Kirche war bewehrt. Die Kirche selbst ist im Kern eine spätromanische Chorturmkirche des frühen 13. Jhs., die in den für Kärnten typischen Etappen im 14. Jh. ein Chorpolygon mit Kreuzrippen und im frühen 16. Jh. im schlanken Langhaus anstelle einer flachen

Holzdecke ein originelles Netzsternrippengewölbe erhielt. Dem Turm mit Pyramidenhelm wurde südlich eine Sakristei zwischen die Strebepfeiler vorgebaut; die Vorhalle stammt aus der Spätgotik. Vom obligaten Christophorus ist hier über dem südlichen Chorfenster nur die Vorzeichnung der Kopfpartie erhalten geblieben. Die drei Altäre widerspiegeln die Entwicklung des Kärntner Barock vom späten 17. bis zur Mitte des 18. Jhs. Von der übrigen Einrichtung sind das ehemalige Hochaltarbild mit der Darstellung des hl. Martin, eine spätgotische Schnitzgruppe der hl. Anna selbdritt (1520/30) und eine barocke Pietà zu nennen.
Nördlich der Kirche in geringem Abstand erhebt sich der spätromanische **Rundkarner** mit Rundapsis (13. Jh.) und steinplattlgedecktem Kegeldach, dessen Kreuzrippengewölbe außen von vier kräftigen Strebepfeilern getragen wird. Sein Inneres birgt hochgotische Wandmalereien aus der Mitte des 14. Jhs.: im Gewölbe die Evangelistensymbole, in den Schildbogenfeldern Szenen aus dem Leben des hl. Nikolaus, die Geburt Christi und Christus und Maria als Sponsus und Sponsa; in der Apsis ist das zentrale Motiv des Gnadenstuhls von Heiligenfiguren umgeben.

Vom Griffnertal und Griffnerberg den Wallersberg entlang zur Drau

Gemeinden Griffen, Völkermarkt und Ruden

Wer von Völkermarkt kommt, dem bietet insbesondere im milden Lichte der Abendsonne die rund 130 m hohe bizarre Klippe des Griffner Burgberges aus Triaskalk einen imponierenden Anblick. Wir wissen nicht genau, wann die deutschen Könige den Bamberger Bischöfen das Gebiet schenkten, weil sie deren Loyalität höher einschätzten als die des örtlichen Adels. Das fränkische Hochstift erbaute wohl in den Wirren des Investiturstreites um 1100 auf dem Felsen eine räumlich noch beschränkte **Burg** zum Schutze seiner Lavanttaler Besitzungen und ließ sich von Kaiser Barbarossa 1160 zu Pavia bestätigen, daß sie niemals als Lehen ausgegeben werden dürfe. Nur während des Heunburger Aufstandes gegen die Grafen von Görz-Tirol 1292/93 war die Burg zeitweilig in den Händen der Rebellen, deren Anführer Graf Ulrich hier wiederholt urkundete. Im 13. und frühen 14. Jh.genoß die Burg wegen des residierenden bambergischen Hauptmannes eine zentrale militärische und polizeiliche Bedeutung, später saßen hier ein Pfleger (Verwalter) und im Orte der Kastner als Verwalter der herrschaftlichen Abgaben und Zinse. Erst 1491 wurde die Burg nach Übertragung des Weißenegger Landgerichtes auch Gerichtssitz.
Der Krieg mit Venedig und die Türkenbedrohung erzwangen im frühen 16. Jh. ihren Ausbau; erst damals wurden die Vorwerke,

Blick auf Markt und Burg Griffen, Ölgemälde von Markus Pernhart, Mitte des 19. Jahrhunderts

Zwinger und Schalentürme, die sich noch heute über einen Großteil des Burgfelsens erstrecken, errichtet. Im 18. Jh. waren nur mehr einige Zimmer bewohnbar, und der Verkauf der bambergischen Güter an Österreich 1759 beschleunigte den Verfall. In den letzten Jahrzehnten sogar gesperrt, ist die Ruine erst seit dem Ankauf durch die Marktgemeinde 1999 aus einem Dornröschenschlaf erwacht und nach Schlägerung des Bewuchses sowie Planierung des Geländes im Mai 2000 der Öffentlichkeit übergeben worden. Besucher können den Burgberg vom Westen (oberhalb des Friedhofs) oder über zwei unterschiedlich steile Wege nördlich der Pfarrkirche erwandern. Der Weg schlängelt sich an Toranlagen, Schalentürmen und durch ein raffiniertes System von Zwingermauern vorbei bis zum höchsten Punkt des Felsens. Während von der ursprünglich dort gelegenen Hochburg des 13. Jhs. mit Bergfried und Kapelle nur mehr wenige Steinlagen inmitten des freigelegten Geländes zum Vorschein gekommen sind, ist der nördliche Mauerkranz mit drei Schalentürmen und einem Wohnbau besser erhalten. Der westliche Turm über steilem Felsabfall zeigt Schlüsselscharten.

Am Fuße des gewaltigen Felsens ist im Schutze der Burg im 12. oder 13. Jh. der gleichfalls bis 1759 bambergische **Markt Griffen** entstanden. Seine zeitlich leider ungesicherten Anfänge haben wir allerdings westlich vom heutigen Siedlungszentrum und auf der Einsattelung zwischen dem Burgfelsen und den Ausläufern der Saualpe zu suchen, wo eine Rotte ländlicher Häuser mit guten Blickwinkeln auf die Ruine noch die Ortsbezeichnung „Altenmarkt“ führt; eine bei Valvasor abgebildete Georgskirche ist im 18. Jh. abgetragen worden.

Die Fassade der ehemaligen Stiftskirche von Griffen

Der neue Markt, das heutige Ortszentrum, besteht aus dem langgestreckten **Hauptplatz**, eigentlich einer Verbreiterung der alten Fernstraße, und der im rechten Winkel nahe der Kirche nördlich anschließenden Häuserzeile (Unterer Platz). Obwohl die geschlossene einstöckige Verbauung dieser Straßenzüge bis ins 16. Jh. zurückgehen dürfte, sind viele Fassaden und Portalzonen in neuerer Zeit recht unglücklich erneuert worden, und nur einzelne aus der Zeit des Biedermeier (etwa der Pfarrhof nördlich der Kirche) und des Historismus (das dreigeschoßige Haus Nr. 21 und der Hirschenwirt Nr. 31) verdienen Erwähnung. Hinter letzterem blieben noch die an den Burgfelsen geschmiegten hölzernen Wirtschafts- und Gastgebäude in romantischen Formen des 19. Jhs. bestehen.

Von der mittelalterlichen **Pfarrkirche** zu Ehren der Apostelfürsten Peter und Paul, die 1237 als Filiale von Oberdorf (der heutigen alten Pfarrkirche im Stift Griffen) erstmals erwähnt wird, blieb nur der frühgotische Chorturm, dessen Untergeschoß nun als Sakristei dient und der kürzlich eine neue Kupfereindeckung erhalten hat. Der westlich anschließende Kirchenraum ist ein Neubau von 1863 mit nüchterner, durch romanisierende Rundbogenfriese belebter Fassade. Das geschmackvoll renovierte Innere hat seinen eigenen Reiz. An das weiträumige Langhaus mit Lisenengliederung schließt die durch Stuckgurte und Malereien (Ornamente, Verklärung Christi und Heilige) gestaltete Flachbogenapsis mit einem Grisaillenfenster an. Die Kanzel und der Kreuzaltar im Süden sind noch barock, der nördliche Rosenkranzaltar und der Großteil des Hochaltars gehören – mit barocken Statuen – dem 19. Jh. an.
Westlich vom Hauptportal befindet sich am Fuße des Burgberges

der Eingang in die berühmte, vorzüglich erschlossene **Tropfsteinhöhle**, die mit Funden aus der Altsteinzeit (20. – 30.000 v. Chr.) die bislang vielleicht ältesten bekannten menschlichen Siedlungsspuren des Landes birgt. Von der einstigen Ummauerung des Marktes ist nichts mehr vorhanden. Nachdem sich das Projekt eines neuen **Stadttores** unter der Planung von Friedensreich Hundertwasser aus Kostengründen zerschlagen hat, wurde 1999 beim Bau des neuen Gemeindeamtes und Kulturzentrums eine vereinfachte und trotzdem farbenfrohe Überbauung der Hauptstraße am Ostrand des Marktes durch den Sitzungssaal verwirklicht.

Der 1854 angelegte **Friedhof** im Westen des Marktes verdient wegen seiner im gleichen Jahr errichteten großen, axial ausgerichteten **Kapelle** Beachtung; seine Begrenzungsmauer ist im gründerzeitlichen Ordnungssinn konzentrisch um diese samt ihrer Rundapsis herumgeführt. Die Kapelle in historisierenden Mischformen weist ein Platzlgewölbe auf, ist im Apsisbereich stuckiert und besitzt als Hochaltar eine Kreuzigungsgruppe. Östlich schließt an den alten Friedhof ein modernes Kriegerdenkmal an.

Eine besondere Sehenswürdigkeit liegt in ca. 2 km Luftlinie westlich vom Markt – das ehemalige Kloster St. Maria im Griffnertal, heute einfach **Stift Griffen** genannt. Bischof Ekbert von Bamberg stiftete im Jahre 1236 aus dem Erbe nach seinem Bruder Berthold, dem Markgrafen von Istrien, etwas abseits der Hauptverkehrsader dieses einzige Prämonstratenserkloster Innerösterreichs, dessen erste Mönche aus dem Stift Vessra in Thüringen kamen. Die Norbertiner, wie sie nach ihrem Gründer Norbert von Xanten (+ 1136) auch genannt werden, waren regulierte Chorherren, also Priester, trugen eine auffällige weiße Tracht und widmeten sich besonders der Seelsorge. Während sich Stift Griffen im Mittelalter der besonderen Gunst der benachbarten Heunburger und anderer örtlicher Adelsfamilien erfreuen konnte, gaben disziplinäre und wirtschaftliche Probleme 1601 den Vorwand für seine Aufhebung durch den Landesfürsten, die jedoch vom Bamberger Bischof erfolgreich verhindert werden konnte. Eine Brandkatastrophe im Jahre 1750 führte zu einer neuerlichen Verschuldung, in deren Folge Kaiser Josef II. 1786 die Aufhebung des Klosters anordnete.
Seitdem werden die im Schutze waldiger Ausläufer der Saualpe hinter Enzelsdorf gelegenen Stiftsgebäude landwirtschaftlich und gastronomisch genutzt. Ihrem Dornröschenschlaf und über 200jährigem malerischen Verfall wird erst seit kurzem Einhalt geboten. Der 1996 gegründete Verein „Kulturinitiative Stift Griffen“ verfolgt nun konsequent sowohl die Erhaltung und Restaurierung des

Stiftes als auch den dauerhaften Betrieb eines Literatur- und Lesezentrums zu Ehren des wohl bekanntesten Griffners, dem Schriftsteller Peter Handke (geb. 1942 in Altenmarkt).
Der imposante, durch Umbauten des 16. und 17. Jhs. geprägte Baukomplex wurde im frühen 18. Jh. einheitlich fassadiert. Ein beachtlicher Teil ist bereits restauriert, doch steht noch viel Arbeit für die nächsten Jahre bevor. Den Besucher beeindruckt schon bei der Anfahrt vom Süden die hohe Wehrmauer mit hölzernem Laufgang wie bei den Wehrkirchen der Saualpe (um 1530). Sie umschließt mit den Stiftsgebäuden im Norden und wuchtigem Eckturm im Südwesten einen geräumigen Kirchhof. Beachtenswert ist der **Pfeilerbildstock** an der Straße vor dem Stift (bez. 1575, vielleicht noch spätgotisch).

Fährt man den langgestreckten, als bäuerliches **Wirtschaftsgebäude** genutzten Westflügel entlang (mit Ziegelgitter für den Heuboden in barocken Fensterumrahmungen), so erreicht man den geräumigen, nach Norden offenen Ehrenhof mit seinen muschelförmigen Fensterverdachungen aus Terrakotta. In der nördlich anschließenden Parkanlage erhebt sich, etwas erhöht in den Hang gebaut, das **Garten- oder Lusthaus** aus dem 17. Jh. mit offenen Lauben im Obergeschoß. Hier verbrachte der Propst schöne Sommerabende mit Blick auf Burg und Markt Griffen.
Der dreigeschoßige Osttrakt des Ehrenhofes mit einer datierten Sonnenuhr (das Chronogramm ergibt 1716) beherbergt heute den „Stifterwirt“, während hier früher der Mönchskonvent untergebracht war. Ein monumentales Portal, bekrönt von einer farbig gefaßten Stuckgruppe des Ordensgründers Norbert, flankiert von Allegorien des Glaubens und der Kirche (?), führt uns in den kleinen, im Untergeschoß mit Pfeilerarkaden geöffneten **Kreuzgang**, dessen Innenhof oft noch lange im Frühling schneebedeckt ist. An seiner Nordseite verdienen das in eine Nische eingemauerte Relief der Heiligen Drei Könige aus rotem Sandstein (wohl vom Hauptportal der Stiftskirche, romanisch Mitte 13. Jh.) und östlich davon das gemalte Zifferblatt einer Rokokouhr (um 1760) Erwähnung. Von den ehemaligen Repräsentativräumen ist nur das nördlich anschließende Refektorium (Speisesaal) erhalten geblieben. Seine Stuckdecke (um 1700) mit Akanthus, Engelsfiguren und symbolischen Attributen umschließt ein großes Bild des letzten Abendmahles. Die Räume des Obergeschoßes beherbergen eine Dokumentation über Peter Handke.

An der Südseite des Ehrenhofes erstreckt sich die **Prälatur** (Residenz des Propstes), ein zweigeschoßiger Trakt mit Pfeilerarkaden

Das ehemalige Konventportal von Stift Griffen (fr. 18. Jh.)

im Erdgeschoß. Von hier, aber auch durch ein Rundbogenportal in der Kirchhofmauer an der Straßenseite, das durch einen turmartigen Erker bewacht wird, betritt man den **Kirchhof**. Von dieser Seite beeindruckt die Prälatur durch ihre Länge (17 Fensterachsen) und das von Stuckfiguren des Guten Hirten, von Engeln begleitet, bekrönte Portal.

Mitten im Kirchhof erhebt sich die 1236 dem Kloster übergebene und unmittelbar darauf repräsentativ neuerrichtete **alte Pfarrkirche** (in „Oberdorf") zu Ehren der Gottesmutter. Die gut erhaltene romanische Chorturmkirche, die gegenwärtig nur mehr als Aufbahrungshalle benutzt wird, besitzt ein rudimentäres Trichterportal ohne Säulen und über der nordseitigen Sakristei einen weiteren Raum (ehemals Schatzkammer?) mit gekuppeltem Fenster. Im 14. Jh. wurde die Rundapsis, deren Triumphbogen noch bemerkenswerte, durch Brandspuren beschädigte romanische Fresken von Heiligenfiguren, darunter das Bamberger Stifterpaar Kaiser Heinrich II. und Kunigunde aufweist, durch einen hochgotischen Chor mit Polygonschluß ersetzt. Aus der Mitte des 15. Jhs. blieb an der südlichen Triumphbogenwand ein Fresko der Schutzmantelmadonna erhalten. Am Vorabend der Renaissance hat man dem Langhaus ein nördliches Schiff angebaut und mit einer einfachen Kreuzrippenwölbung versehen (eine Konsole und ein Schlußstein 1537 bzw. 1538 bezeichnet); das Langhaus erhielt gleichzeitig eine fast schon verspielte Sternrippenwölbung. Vom spätgotischen Hochaltar (um 1520) blieben an den Chorseitenwänden die Reliefs von sechs Passionsszenen, darunter die Kreuzigung aus dem Schrein (Mittelbild) und die Beweinung aus der Predella (Sockelzone) erhalten.

Die Marienkapelle der ehemaligen Stiftskirche von Griffen

Frühbarock (M. 17. Jh.) ist der Hochaltar mit seiner Fassung aus der Biedermeierzeit. Die Kanzel und ein Bild des Ordensgründers sind ebenfalls barock. Aus dem Biedermeier stammt die wuchtige nördliche Vorlaube.

Wieder im Kirchhof, wenden wir uns der östlich davon erbauten **Stifts-** und seit der Klosteraufhebung auch **Pfarrkirche Mariä Himmelfahrt** zu. Auffallend wegen ihrer volkstümlichen Formensprache ist schon die Fassade (um 1700) mit dem charakteristischen Wellengiebel auf Riesenpilastern. Die zentrale Nischenfigur der Madonna im Kampfe gegen den Teufel wird umgeben von Statuen dreier Ordensheiliger: oben Norbert, links Augustinus und rechts der heilige Prämonstratenser Hermann Josef. Durch eine Pforte an der Kirchhofostmauer gelangt man außen zum Chorscheitel mit romanischen Wandvorlagen aus rotem Sandstein; das Fenster wurde durch eine barocke Madonna aus Stuck mit Baldachinvorhang ersetzt.

Die einfache siebenjochige Pfeilerbasilika mit hohem Chorquadratabschluß gilt als jüngste der romanischen Stiftskirchen Kärntens (geweiht 1272) und war ursprünglich von monumentaler Schlichtheit. Ihre Flachdecken hat man im 17. Jh. durch einfache Kreuzgratgewölbe ersetzt; die westlichsten Joche wurden um 1700, die östlichsten Joche, die Südkapelle und das Joch davor etwa ein bis zwei Jahrzehnte später mit zartem, gefärbeltem Akanthusstuck versehen. Trotzdem spürt man noch heute den auffallenden Kontrast zwischen den kahlen nüchternen Wänden und Pfeilern und der barocken Ausstattung. Der wandfüllende spätbarocke Hochaltar von 1776 birgt in seiner Mitte eine spätgotische Steinmadonna um 1520, das Gewölbe darüber zeigt in anmutiger Grisailletechnik (Fresken in grauem Grundton) des Rokoko Szenen aus dem Leben des Ordensgründers. Die Kanzel mit einer Apotheose des hl. Norbert stammt aus dem frühen 18. Jh., die übrigen sechs Altäre vom Beginn bis ins zweite Drittel des 18. Jhs. Aus der Kirche des aufgehobenen Völkermarkter Augustiner-Eremitenklosters stammt die Orgel im Stile des späten Rokoko (1782). Lohnenswert ist ein Blick in die überkuppelte und stuckierte, aus der Mitte des Südschiffs vorspringende Marienkapelle (um 1700).

Auch die zahlreichen nachträglich in die Wände eingemauerten Grabsteine der Pröpste und Wohltäter des Stiftes verdienen Beachtung: im Westjoch u. a. ein Wappengrabstein des Völkermarkter Ritterbürgers Friedrich Manko (1358) und Porträtgrabsteine der Pröpste Martin Amer (1572) und Georg Greben (+ 1561, mit individuellen Gesichtszügen); gegensätzlich dazu im Nordschiff drei einfache und gleichförmige Propstgrabsteine des 16. Jhs. mit Abtstab und Infel; schließlich am südöstlichsten Langhauspfeiler der figürliche Grabstein der Elisabeth Kiniglfelderin, einer geborenen Kollnitzerin (+ 1538) in frühen Renaissanceformen. An den Langhauswänden finden sich zahlreiche weitere Figuren- und Wappensteine des 16. bis 18. Jhs., darunter auch ein Kindergrabstein von 1542.

Südlich der nahen Autobahn und etwas oberhalb der Bundesstraße steht der Edelsitz **Hirschenau**, der erst im 18. Jh. aus einem Bauerngut der Herrschaft Ehrenegg entstand, 1807 in die heutige Form gebracht und um 1900 verändert wurde. Das heute leerstehende

Herrenhaus mit klassizistischem Fassadendekor (Dreiecksgiebel) und gründerzeitlicher Holzveranda ist seit 1902 im Besitz der Familie Helldorff, die hier eine biologische Landwirtschaft mit Direktverkauf betreibt. Unter den Nationalsozialisten als Lager des Reichsarbeitsdienstes verwendet, spielte Hirschenau 1945 eine überaus tragische Rolle, als es für die von den Partisanen Verschleppten als Zwischenstation diente.

Ein Abstecher auf den Griffnerberg bringt uns ins ausgedehnte Streudorf **Pustritz** mit seiner beachtlichen Pfarr- und Wallfahrtskirche **Mariä Himmelfahrt.** Hier errichtete das Stift St. Paul inmitten von Neurodungen im 12. Jh. eine romanische Kirche, die ab 1430 (Inschrift am nordwestlichen Strebepfeiler) dem 1469 geweihten, doch erst nach 1500 vollendeten spätgotischen Neubau weichen mußte. Die für die Gegend typische Wehrmauer der Türkenzeit wurde 1856 beträchtlich erniedrigt. Außen dominiert der mächtige Westturm mit Pyramidenhelm und Maßwerkfenster im Glockengeschoß, das Langhaus besitzt vierstufige Strebepfeiler. Zwei reich profilierte Portale führen in die sternrippengewölbte Vorhalle und ins Kircheninnere. Das Langhaus besitzt eine nachbarocke Stichkappentonne auf breiten Putzlisenen (1854) sowie eine gleichzeitige Westempore, nördlich wurde gegen 1700 eine Kapelle angebaut. Im zweijochigen Chor mit kunstvollem Netzsternrippengewölbe (fr. 16. Jh.) führt südlich ein hübsches verstäbtes Portal mit Blattwerkbeschlägen (ca. 1490) in die Sakristei. Ebenfalls in die Südwand ist eine Sitznische mit Kielbogen, umrahmt von Astwerk, eingelassen (um 1490). Sehenswert ist das marmorne Sakramentshäuschen an der Chornordwand, ein regionales Hauptwerk der Frührenaissance (am Stützpfeiler dat. 1523). In der Pilasterrahmung befinden sich Reliefs der Verkündigung sowie der Hll. Andreas und Barbara; in der Lünette darüber ein Brustbild des Schmerzensmannes, flankiert von den Apostelfürsten, als oberer Abschluß der hl. Martin. Seitlich ist das Relief des in Pilgerkleidung knieenden Stifters Peter Strasnick angebracht.
1955 wurde an der Langhausnordwand ein Ölbergfresko freigelegt (dat. 1480). Die Verklärung Christi (westlich) und Himmelfahrt Mariä am Langhausgewölbe von Primus Haberl 1855 stehen in biedermeierlicher Tradition. Der dominante schwarzgoldene und wandfüllende Hochaltar wurde von drei St. Pauler Äbten im 2. Drittel des 17. Jhs. errichtet. Die spätgotische Madonnenstatue (E. 15. Jh.) wird umgeben von einem reichen barocken Heiligenprogramm. Der Valentinsaltar an der Chornordwand (um 1700) zeigt drastisch das Martyrium des hl. Erasmus und den hl. Valentin als Helfer der Kranken. Gegenüber steht der Katharinenaltar mit einer

Der kniende Stifter Peter Strasnick beim Sakramentshäuschen von Pustritz

bemerkenswerten Schnitzfigur der Heiligen. Die klassizistische Kanzel entstand um 1800.

In der Schmerzenskapelle steht ein wandfüllender Altar, dessen Gemälde der Beweinung Christi im Hintergrund Kirchen und Besitz des Stiftes St. Paul zeigt (Abt Reichart 1694). In die Kapellenostwand eingemauert blieb die alte gotische Sakramentsnische, an der Westwand finden wir ein großformatiges und vielfiguriges Votivbild der Familie Prödl mit der Erweckung des Lazarus.

Nahe der Kirche erhebt sich der heutige **Pfarrhof**, ein in den Hang

Der Hochaltar von Pustritz mit dem Wappen des Abtes Philipp Rottenhäusler von St. Paul

gebauter kastenförmiger Edelsitz mit Mezzaninfenstern und Walmdach. Von Mitgliedern der Familie Prödl im 17. Jh. erbaut, wird er gemeinhin auch Prödlschloß genannt.

Ein Stück hinter Pustritz Richtung Saualpe steht auf einem Hügel die Filialkirche St. Margarethe zu **Tschriettes**, ursprünglich eine Filiale von St. Andrä im Lavanttal. Der kleine gotische Bau mit mächtigem Westturm des 14. Jhs. besitzt im Langhaus und gleich breiten Chor ein Holztonnengewölbe mit Stichkappen aus dem Jahr 1887. Von der Einrichtung ist der frühbarocke Hochaltar (M. 17. Jh.) mit seinen drei eingestellten spätgotischen Plastiken um 1520 zu erwähnen. Neben zwei hochbarocken Wandaltären des frühen 18. Jhs. ist eine ehemalige Altarrückwand der Nachgotik mit Passionsszenen, den 14 Nothelfern und dem Schweißtuch der Veronika von 1547 zu beachten; ein weiterer spätgotischer Altarflügel um 1520 zeigt den hl. Christophorus.

Weiter im Norden liegt in 1127 m Seehöhe hoch an den Südhängen der Saualpe die Pfarrkirche St. Michael in **Wölfnitz** mit gotischem Nordturm und Pyramidenhelm, umgeben von einer spätmittelalterlichen Wehrmauer. Das Schiff mit romanischem Kern weist im Ostteil ein spätgotisches Netzrippengewölbe, im Westteil ein barockes Kreuzgratgewölbe auf. Im kurzen Altarraum des 15. Jhs. ist eine kielbogenbekrönte Sakramentsnische zu entdecken. Anstelle eines Hochaltarretabels hat man sich hier mit einer spät-

Schloß Ehrenegg, Ruine Weißenegg und Ruden, Ölgemälde von Markus Pernhart, Mitte des 19. Jahrhunderts

gotischen Statue des Kirchenpatrons sowie spätbarocken Statuetten und Engeln des 19. Jhs. begnügt.
Nördlich der Pfarrkirche wurde 1958 ein **Karmeliterkloster** in bewußt zeittypisch-modernen Formen errichtet, das heute als Sommererholungsheim für Kinder dient.
Schließlich erreichen wir in rd. 1200 m Höhe, einsam auf den Höhen der Saualpe gelegen, die schöne und sehenswerte Filialkirche **St. Leonhard**. Das 1351 anläßlich einer Schenkung der Weißenegger genannte Gotteshaus war ursprünglich eine Filiale von Griffen, später Greutschach und heute von Wölfnitz. Der einheitliche spätgotische Neubau mit südseitig eingestelltem Turm und Netzrippengewölben auf Diensten aus der zweiten Hälfte des 15. Jhs. besitzt einen barocken Hochaltar von 1675 mit einem Schweißtuch der Veronika (bez. 1849) auf der Rückseite; der linke Seitenaltar mit bemerkenswerten Statuen der Gottesmutter zwischen Luzia und Barbara stammt von 1697. Schließlich ist dem nordseitigen Eingang gegenüber ein hochbarocker Wandaltar mit einem Gemälde der Not Gottes und Engeln mit Leidenswerkzeugen zu nennen.

Von Griffen nach Süden entlang des Wölfnitzbaches erreichen wir zunächst das Dorf **St. Kollmann**, das seinen Namen nach der bescheidenen Kirche in seiner Mitte führt. Die 1196 genannte ursprüngliche Filialkirche von St. Martin im Granitztal, heute Markt Griffen, wurde 1643 vom St. Pauler Abt in nachgotischen Formen (mit Chorpolygon, Strebepfeilern und Putzrippen im Gewölbe) neuerrichtet. Unweit davon finden wir südlich etwas erhöht in

Hanglage des Haberberges den wohlerhaltenen Edelsitz **Ehrenegg**. Der dreigeschoßige hoflose Rechteckbau mit talseitigen übereck gestellten Türmen besitzt hangseitig im Südosten einen Eckturm und im Nordosten einen etwas fragilen Eckerker. Das rustizierte Portal wird von einem barocken Allianzwappen (Johann-Franz Graf Dietrichstein und Maria Theresia Gräfin Paradeiser 1673) in einer Kartusche bekrönt. In der Eingangshalle ist ein Gedenkstein eingemauert, wonach Eberhard Ertl von Hainstatt und seine Frau Prisca geb. Waschla den Bau „von gruenem Wasen“ (d. h. ohne Vorgängerbau) im Jahre 1586 begonnen haben. Im ersten Obergeschoß finden wir u. a. eine Holzbalkendecke mit Groteskenmalerei, im durchgängigen Mittelsaal des zweiten Obergeschoßes, der an den Schmalseiten durch dreifach gekuppelte Rundbogenfenster betont wird, eine prächtige hochbarocke Stuckdecke um 1680 sowie Teile eines Renaissancekamins mit Hermenpilastern aus der Bauzeit. Der Bauherr war bambergischer Pfleger (herrschaftlicher Verwalter) und erhielt vom Stift St. Paul den Grund zum Schloßbau. Charakteristisch ist über Jahrhunderte der oftmalige Besitzerwechsel, unter denen als frühbarocke Bauherren die Dietrichstein ab 1670 und die Grafen von Egger (1775 – 1884) bzw. die Freiherren von Helldorf als ihre Nachfahren Erwähnung verdienen. Zur Zeit des Nationalsozialismus war hier eine Eliteschule der Landjugend untergebracht. Die gegenwärtige engagierte Besitzerfamilie versucht den talseitig anschließenden, ummauerten und an den Ecken mit Pavillons versehenen Zier- und Lustgarten wieder mit Buchsbaum und anderen Sträuchern in seine ursprüngliche Renaissanceform zu bringen; überliefert sind Labyrinthe, eine zentrale Treppe, Ach-

Schloß Ehrenegg, wie es sich heute präsentiert

senkreuzungen und eine kreisförmige Brunnenanlage in der Mitte. Nördlich des Schlosses verdient als Rest einer **Meierei** ein stattlicher Wirtschaftsbau des vorigen Jahrhunderts in Ziegelbauweise mit talseitigen Stützpfeilern Beachtung.

Die kleine Filialkirche zum Apostel Matthäus im Dorf **Lind** begegnet uns bereits in einem päpstlichen Diplom des Jahres 1237 für die Pfarrkirche von (Stift) Griffen. Der bescheidene Bau besitzt ein flachgedecktes (romanisches?) Langhaus, einen gotischen Polygonalchor, barocken Hochaltar und zwei Ölbilder mit Szenen des Titelheiligen.

Weiter gegen Süden erheben sich vor Ruden auf einem bewaldeten Felsvorsprung über dem Talgrund die beachtlichen Reste der wichtigen **Burg Weißenegg**. Ihre neuen Dächer zeigen, daß die Besitzer dem Verfall Einhalt gebieten wollen. Die Burg wurde auf Bamberger Gebiet von Ministerialen, die sich 1243 als Herren von Weißenegg bezeichnen, errichtet, entfremdeten aber die Burg ihrem Lehensherrn. Spätere mächtige Besitzer waren die Herren von Wallsee und die Grafen von Cilli, welche die Burg 1425 dem Bamberger Bischof rücktauschten. Seit dem 13. Jh. war Weißenegg Sitz eines Landgerichtes, das später nach Griffen übertragen wurde. Nach dem Verkauf der bambergischen Besitzungen an den österreichischen Staat wurde die Herrschaft von den Grafen Egger erworben, die Wälder für ihre Montanbetriebe benötigten. 1936 kam die Ruine an die Industriellenfamilie Leitgeb und über diese an die Familie Zechner-Leitgeb.

Die gut erhaltene romanische Burganlage über annähernd rechteckigem Grundriß (19 x 41 m) wird durch einen breiten Graben von der Bergseite gesichert. Eine verstärkte Schildmauer schützte die Burg gegen die östliche Angriffseite. Vom angebauten Wohntrakt ist nur noch der nördliche Kapellenraum (?) mit Gewölbeansätzen besser erkennbar. Ein nördlicher schmaler Verbindungstrakt führt zum herrschaftlichen **Haus** am westlichsten Punkt über dem Geländeabfall, das einen trapezförmigen zweigeteilten Grundriß mit einer Erdgeschoßhalle auf zwei Pfeilern aufweist. Mit der südlichen Wehrmauer umschließen die Trakte einen rechteckigen Hof mit Zisterne.

Eine im 15. Jh. angelegte **Vorburg** mit geringeren Mauerstärken umgibt hufeisenförmig den Ostteil der Hauptburg. In ihrer Mitte ragt 9 m aus der Mauerflucht die Toranlage des 16. Jhs., mit Doppeltrichterscharten für Hakenbüchsen an den Längsseiten, hervor. Rund 100 m östlich der Hauptburg liegt an einem höheren Punkt der ebenfalls noch romanische **Rundturm**, der neben seiner Wehrfunktion auch ein Herrschaftszeichen hoher Symbolik war. Bei einer Mauerstärke von 2 1/2 m hat er einen äußeren Durchmesser

Blick auf die Ruine von Weißenegg

von 10 m, sein Einstieg befindet sich in über 5 m Höhe. Am Fuße der Burg finden wir mehrere Wirtschaftsbauten des 19. und 20. Jahrhunderts.

Die Pfarrkirche **St. Maria Magdalena in Ruden** nördlich des Haufendorfes wird zwar erst 1511 urkundlich genannt, doch dürfte sie wohl ins 12. Jh. zurückreichen. Vielleicht wegen ihres Baues in den Hang hinein wirkt das romanische (?) Langhaus mit seinem Netzrippengewölbe aus dem frühen 16. Jh. etwas gedrückt, im Gegensatz zum durch Stufen erhöhten hohen, hellen und lichterfüllten Chor (wie der nördlich anschließende Turm aus der ersten

Hälfte des 15. Jhs.). Zu beachten ist das aufgemalte Gitterwerk der spätgotischen Westempore mit Runddiensten und einer erkerartigen Vorkragung. Die Ausstattung ist reich an Statuen volkstümlicher Barockheiliger: Am Hochaltar finden wir ein Oberbild der hl. Barbara mit der Votivszene eines Krankenbettes (19. Jh.). Im linken Seitenaltar steht eine gotische Madonna, an der Chornordwand eine spätgotische Agnesfigur.
Im Friedhof steht ein auffallender neogotischer **Laubenbildstock** in etwas wuchernden Formen mit jüngerer Malerei (Kreuzigung).

Im weiten Umkreis setzt westlich von Ruden das Kirchlein zu Ehren der Gottesmuter Maria und des Bischofs Wolfgang am bewaldeten **Liesnaberg** (614 m hoch) den landschaftlichen Akzent. Hier stand schon 1734 eine Kapelle, die im späten 18. Jh. durch die heutige nachbarocke Kirche ersetzt wurde (geweiht 1804). Von 1818 stammt der zwiebelgekrönte Westturm mit westlich vorgestellter Eingangshalle. Das dreijochige Langhaus wird durch Gurtbögen und Pilaster gegliedert und trägt eine Stichkappentonne; der Chor mit szenischen Gewölbefresken aus dem Leben Mariä aus der Bauzeit (1794) schließt polygonal. Der noch völlig dem Spätbarock verpflichtete Hochaltar trägt über den Opfergangsportalen Statuen der Bauern- und Dienstbotenheiligen Isidor und Notburga; auch die übrige Ausstattung (Altarblätter Mariä Unterweisung, thronender Gottvater, Apostel Simon) mit Ausnahme einer etwas älteren Schmerzensmannstatue stammt aus dem späten 18. Jh. Am Liesnaberg beginnt am Dreinagelfreitag (dem zweiten Freitag nach Ostern) der Dreibergelauf.
Westlich des Liesnaberges erhebt sich im Tal die Filialkirche **St. Martin am Wallersberg** mitten im gleichnamigen Ort. Das Kirchlein aus dem 11. oder 12. Jh. besitzt noch ein romanisches Langhaus mit Flachdecke und vermauerten Trichterfenstern, daran schließt ein tonnengewölbter Chor mit originalem Scheitelfenster an. Bei der letzten Restaurierung erwies sich der Hochaltar von 1676 überaus farbenfreudig rot-gold gefaßt; er birgt noch die drei spätgotischen Schnitzfiguren der Heiligen Martin, Valentin und Veit.
Die **Schlacht am Wallersberg**, bei der im März 1293 die Aufständischen um Ulrich von Heunburg von den herzoglichen Parteigängern der Grafen von Görz-Tirol geschlagen wurden, dürfte sich am Ostabhang desselben zwischen Griffen und Ruden zugetragen haben.
An die zwei Kilometer westlich von St. Martin steht in erhöhter Gunstlage mitten im zunehmend verbauten Dorf **St. Peter am Wallersberg** die Mutterkirche von Liesnaberg und St. Martin, die vom Kloster Ossiach im 13. oder 14. Jh. errichtet wurde. St. Peter unter-

stand später der Pfarrkirche von St. Agnes und wurde erst 1804 formell eigene Pfarre. Das Langhaus der mittelalterlichen Chorturmkirche wurde 1889 durch einen etwas unförmigen historistischen Saalbau mit romanisierender Fassade (Rundbogenfriese, Rosettenfenster, Portikus mit Stufenportal) ersetzt. Erhalten gebliebenen sind Turm und Chorjoche mit spätgotischem Stern- bzw. Netzrippengewölbe und Konsolköpfen. Das Langhaus besitzt fünf durch Pilaster und Gurtbögen gegliederte Joche, von denen das östlichste als Altarraum ausgeschieden ist. Die dreiachsige Westempore zeigt gemischte romanisch-gotische Stilformen (Kapitelle, Blendgalerie der Brüstung), und die Einrichtung stammt mit Ausnahme des linken Seitenaltars (1. H. 18. Jh.), einer Kreuzigungsgruppe und einem Abendmahlbild aus der Bauzeit und ist in neuromanisch-neugotischen Stilformen ausgeführt.

Die Drauüberfuhr von Lippitzbach, Ölgemälde von Markus Pernhart, um 1865

Das östlich oberhalb der Kirche gelegene gleichnamige **Schloß**, eine zunächst mittelalterliche Wehranlage, aus der im Barock ein zweigeschoßiger Bau über hufeisenförmigem Grundriß entstand, ist in den letzten Jahrzehnten durch Umbauten, denen u. a. die Hofarkaden zum Opfer fielen, bis zur Unkenntlichkeit entstellt worden. Der ursprüngliche Ossiacher Besitz mit Bamberger Gerichtspflege kam später an die Galler, Deutenhofen, Paßberg und Grafen Egger.

Wieder zum Wölfnitzbach zurückgekehrt, überrascht uns an seiner Mündung in die hier schluchtartig tief eingegrabene Drau **Lippitzbach**, eine in malerischem Verfall begriffene, jedoch sehenswerte

Gebäudegruppe von großer industriegeschichtlicher Bedeutung. Seit alters bestand hier ein Hammerwerk, das seit ca. 1770 unter Josef Edlen von Kronthal um Zainhämmer, Blech- und Nagelschmieden erweitert wurde. Max Thaddäus Graf Egger (1734 – 1805), der wohl innovativste Geist seiner Familie, begründete hier gemeinsam mit zwei englischen Fachleuten seit 1793 das erste Weißblechwalz- und -schneidwerk Österreichs. Aufgrund wachsender Konkurrenz konzentrierte sich sein Enkel Ferdinand (1802-60) auf das 1839 errichtete Stabwalzwerk. Der Maler Markus Pernhart hat uns um 1865 eine vorzügliche Ansicht der florierenden Werksanlage überliefert, deren Produktion 1894 eingestellt wurde. Damals bestand nur eine Seilüberfuhr anstelle der heutigen Brücke. Während Produktionshallen und Magazine (gegen Drau und Wölfnitzbach zu) längst verfallen sind – die Ausnahme ist ein Wasserfall als Rest eines Fluters –, harren Schloß, Verweserhaus und die Wohnbauten der Beamten und Arbeiter einer Renovierung und wohl auch Revitalisierung.
Inmitten des Gebäudekomplexes erhebt sich der Rechteckbau des **Schlosses**, das Wohnhaus von Ferdinand Graf Egger und seiner Gemahlin Nothburga, einer geb. Gräfin Lodron-Laterano, die auch als Malerin tätig war (1791 – 1884). Es wurde aus einem barocken Kern im 2. Viertel des 19. Jhs. in klassizistische Formen mit dem typischen Dreiecksgiebel gebracht und besitzt einen Osterker sowie eine Veranda mit Laubsägeverkleidung. Südseitig wurde eine Pawlatsche angefügt, westlich die Kapelle mit neogotischen Elementen (Spitzbogenfenster). Ein Seitentrakt besaß jetzt großteils vermauerte Erdgeschoßlauben. Nördlich erstreckt sich der Verwaltungstrakt mit Wohnungen, östlich im rechten Winkel zum Schloß ein frühes Arbeiterwohnhaus des 19. Jhs. in kontinuierlicher Verwendung. Hangseitig steht in einer kleinen Parkanlage die Büste des Werksgründers Max Thaddäus Graf Egger, die sein Enkel Ferdinand 1835 gestiftet hat, wobei Büste und Sockel bewußt aus Eisenguß gefertigt wurden (Gußwerk bei Mariazell).
Etwas abseits überrascht in einer Waldlichtung die mustergültig restaurierte **Grabkapelle** von Ferdinand und Nothburga Grafen Egger, ein hübscher neugotischer Rohziegelbau (lt. Inschrift von J. G. Beringer aus München) mit Polygonalapsis und Glockengiebel. Das Spitzbogenportal umschließt ein Marmorrelief des Auferstandenen, darüber sind die Wappen der Auftraggeber angebracht. Im Inneren steht ein neogotischer Altar mit einem Tafelbild des Schmerzensmannes und seitlichen geschnitzten Wächterfiguren Oswald und Notburga, die Fenster weisen Ornamentgläser auf.

Flußabwärts weitet sich hinter den Ausläufern des nahe an die Drau reichenden Weißeneggerberges ein Hochplateau. Zuerst erreichen wir die von einer Kirchhofmauer umgebene Pfarrkirche von **St. Nikolai** mitten im gleichnamigen Dorf. Sie gilt als eine der ältesten diesem Heiligen geweihten Kirchen Kärntens, der auch Patron der Flößer war. Schon 1091 wurden Kirche und Stadelhof „Gorensig“ dem neugegründeten Kloster St. Paul geschenkt, das in der Nähe Silbergruben betrieb. Die Kirche kam später zum Stift Griffen, unterstand dann St. Agnes bei Völkermarkt und wurde erst unter Kaiser Josef II. in den achtziger Jahren des 18. Jhs. formell eigene Pfarre. Das einfache mittelalterliche Langhaus wurde 1827 nach Westen verlängert, blieb aber flachgedeckt; auffallend ist die von außen südlich begehbare Westempore. Der gotische Südturm setzt außen den wichtigsten Akzent; Chorjoch und Apsis sind barockisiert worden. Von der Einrichtung stammt der rechte Seitenaltar mit der Unterweisung Mariä noch aus dem Hochbarock, während die beiden anderen Altäre im 19. Jh. angefertigt wurden. In der Nachbarschaft steht der spätbarocke **Pfarrhof** aus dem Jahr 1791.

Nordöstlich erhebt sich in Hanglage am Fuße des Wiesenbauerkogels das merkwürdige Kirchlein von **St. Radegund**, das 1213 anläßlich eines Streits zwischen dem Stift St. Paul und dem Völkermarkter Archidiakon erstmals urkundlich aufscheint. Laut Inschrift an der südlichen Außenmauer wurde es 1668 vom St. Pauler Abt Philipp neuerbaut und dabei vergrößert. Schon von weitem fallen die frühbarocken Blendfelder des markanten Westturmes auf; innen finden wir im Langhaus die typische Stichkappentonne mit verstärkten Graten, während der in einem Polygon schließende Chor mit seinen nazarenerhaften Malereien von 1907 im Kern noch mittelalterlich sein könnte. Die Einrichtung stammt durchwegs aus der ersten Hälfte bis Mitte des 18. Jhs.

Weiter drauabwärts sperrt kurz vor Lavamünd das von Fritz Haas geplante, 1939 – 43 errichtete **Flußstaukraftwerk Schwabegg** die Drau, ein Bau in sog. Freiluftbauweise (ohne Maschinenhalle mit 4 Wehrfeldern und beweglicher Schützenkonstruktion je 18,75 m breit, 14,3 m hoch, als Hakendoppelschützen ausgeführt). Die mit gefälligen Holzzubauten aufgelockerte Anlage erhält durch einen Rundturm eine herrschaftlich-repräsentative Wirkung. An den Gebietsansprüchen Jugoslawiens nach 1945 hatte die wirtschaftliche Bedeutung des Kraftwerkes einigen Anteil.

Mit einem Blick auf den nahen Markt Lavamünd wollen wir unsere Kulturwanderungen durch das Jauntal und den Bezirk Völkermarkt beschließen.

Sehenswürdigkeiten in Kärnten

Es gibt viel zu sehen in Kärnten.
Einige besondere Ausflugsziele möchte ich auf den nachfolgenden Seiten empfehlen.
Gerd Zechner, Verlag Johannes Heyn

Burg Hochosterwitz

Die Burg Hochosterwitz ist eine der eindrucksvollsten Burganlagen Österreichs und ein Wahrzeichen Kärntens.
Die auf dem frei aus der Ebene aufstrebenden Felskegel liegende Burg wurde 860 erstmalig urkundlich erwähnt. Die Spanheimer verliehen den Osterwitzern 1209 das Erbamt des Mundschenken. Der letzte Schenk von Osterwitz wird 1475 bei einem Türkeneinfall gefangen und stirbt in der Gefangenschaft ohne Erben. Hochosterwitz fällt an den Landesfürsten, Kaiser Friedrich III., zurück. König Ferdinand I. verpfändet Osterwitz an den Landeshauptmann Christoph Khevenhüller; 1571 erwirbt Georg Freiherr von Khevenhüller, ebenfalls Landeshauptmann, die Burg käuflich, baut sie wegen der drohenden Türkeneinfälle aus, versieht sie mit einer Waffenkammer und läßt 14 Tore in den Jahren 1570–1586 errichten. Ein solcherart gesicherter Burgweg zählt nicht nur zu den größten Seltenheiten, sondern stellt ein Unikum im Burgenbau dar. Eine alte Urkunde verzeichnet die Namen der einzelnen Tore. Seit dieser Zeit fanden keine wesentlichen baulichen Veränderungen statt. Die Burg ist bis zum heutigen Tag ununterbrochen im Besitz der Khevenhüller. In einer Verfügung des Bauherrn, Georg Khevenhüller, aus dem Jahre 1576, welche auf einer Marmortafel im Burghof zu lesen ist, wird das Vermächtnis erlassen, es möge die Burg

im Besitz der Nachkommen bleiben und diese für deren Erhalt Sorge tragen. Diesem Vermächtnis hat sich die Familie Khevenhüller stets verpflichtet gefühlt.
Von Ostern bis Mitte Oktober werden täglich Führungen durch das Burgmuseum und die Waffenkammer durchgeführt. Ein Burgrestaurant sorgt für das leibliche Wohl. Ab dem 1. Burgtor gibt es einen Personenaufzug.

Die Burgenstadt Friesach

Das schon 1215 als „Civitas" bezeichnete Friesach ist nicht nur die älteste Stadt Kärntens, sondern auch eine der sehenswertesten. 860 erhielt das Erzbistum Salzburg von Ludwig dem Deutschen das Gebiet von Friesach und konnte es bis 1803 besitzen.
Friesach ist die burgenreichste Stadt Österreichs und besitzt die am besten erhaltene Stadtbefestigung mit Stadtmauer und wassergefülltem Graben. Ein Hinweis auf die glanzvolle Vergangenheit Friesachs ist, daß die Stadt in der Weltkarte des Persers Idris um 1154 aufscheint, aber die meisten Städte Österreichs auf ihr nicht zu finden sind.
Wo immer man sich in Friesach umsieht, sei es in seinem Burgenkranz oder in der Stadt selbst - von überall her schaut einen ein Stück Mittelalter an. „Die Stadt im Mittelalter" ist auch das Thema der Kärntner Landesausstellung im Jahr 2001, an der die gesamte Bevölkerung der Stadt aktiv mitarbeitet.
Einen Besuch lohnen auch die „Friesacher Burghofspiele", die alljährlich im Juli und August auf dem Petersberg aufgeführt werden. Auch die umliegende Region „Hemmaland" lädt mit einer Vielzahl von kulturhistorisch einmaligen Baudenkmälern in einer bezaubernden Landschaft zum Verweilen ein.

St. Veit an der Glan

Die in ihrem Kern noch mittelalterliche Stadt St. Veit an der Glan hat im Süden Anteil am Zollfeld, dem geschichtlichen Zentrum des Landes und damit an einer Kulturlandschaft, die sich über zwei Jahrtausende hinweg als ein einzigartiges Kraftfeld erwiesen hat. Die alte Herzogstadt, die bis 1518 Landeshauptstadt war, ist von einem Kranz einst stattlicher Burgen umgeben, die auf die Wichtigkeit des mittelalterlichen Machtzentrums hinweisen. Die malerischen Ruinen der Kraiger Schlösser oder von Taggenbrunn laden heute zu einem Besuch ein , und besonders die nahe liegende Burg Hochosterwitz ist ein Fixpunkt für jeden Gast und Einheimischen. Aber nicht nur die umliegenden Schlösser, wie Frauenstein, Weyer oder Tanzenberg sind einen Ausflug wert; auch die Stadt St. Veit hat viel zu bieten, das einen Besuch lohnt. Alte Innenhöfe locken genau so wie das kühle Innere der Stadtpfarrkirche mit ihrer prachtvollen Ausstattung.
Es gibt viel zu sehen in St. Veit, einer Stadt, die 1998 von einer internationalen Städteplaner- und Architektengruppe zu einer der „lebenswertesten Städte“ Europas gekürt wurden, weil man hier Historisches mit Modernem harmonisch verbunden hat.

Gurk – kirchliches Zentrum Kärntens

Die Marktgemeinde Gurk liegt im Herzen des idyllischen Gurktales, abseits von vielbefahrenen Verkehrswegen. Seine besondere Bedeutung erhält Gurk durch die heilige Hemma (+1045) und den Dom zu Gurk (1140–1200). Vom Mittelalter bis heute ist Gurk einer der großen Wallfahrtsorte des Landes. Der Dom zu Gurk zählt zu den imposantesten romanischen Bauwerken Europas. Die 100-säulige Krypta mit dem Grab der hl. Hemma, der frühbarocke Hochaltar von M. Hönel (1632), die Pietá von G. R. Donner (1741) die Kanzel und der Volksaltar runden das Gesamtkunstwerk Gurker Dom ab.

Einzigartig ist das auf Leinen gemalte spätgotische Fastentuch (1448), das älteste und größte Österreichs. Während der Fastenzeit verhüllt es mit seinen 99 Bildfeldern aus dem Alten und Neuen Testament den mächtigen Hochaltar. Die Bischofskapelle birgt Originalfresken im sogenannten Zackenstil aus dem Jahre 1260.

Das große Stiftsgebäude entstand als Sitz des Domkapitels im 15. und bekam im 17. Jh. die heutige Form. Die Klosteranlage ist seit 1932 im Besitz des Salvatorianerordens. Fachkundige und erlebnisorientierte Domführungen werden 365 Tage im Jahr angeboten.

Ein weiteres sakrales Juwel befindet sich in Pisweg. Der an die Kirche angebaute Karner beinhaltet wertvolle Fresken aus dem 13. Jahrhundert.

Die Marktgemeinde Gurk ist ein lohnendes Ausflugsziel für die ganze Familie und ist für Erholungssuchende ein reizvoller Urlaubsort.

Carinthischer Sommer
Festspiele Ossiach - Villach

1969 gab es den Carinthischen Sommer zum ersten Mal. Seit damals sind die Veranstaltungen des Carinthischen Sommers aus dem Kärntner Kulturleben nicht wegzudenken. Konzerte, Kirchenopern, Musik- und Tanztage für Kinder, Rezitationsabende bilden einen kulturellen Sommerreigen, der die Luft um den Ossiacher See mit Musik erfüllt.
Auf den Programmen des immer bekannter werdenden „Kärntner Musikfestivals" standen Künstlernamen wie David Oistrach, Wolfgang Schneiderhan, Anneliese Rothenberger, Leonard Bernstein, Rudolf Buchbinder die Moskauer Symphoniker und viele andere berühmte Interpreten.
Der Carinthische Sommer findet alljährlich im Juli und August in der Stiftskirche in Ossiach und im Congress Center Villach statt.

Reptilienzoo Happ

Gleich neben Minimundus befindet sich Europas größter Reptilienzoo, der ganzjährig geöffnet, über 1000 einheimische und ausländische Tiere zeigt.
60 verschiedene Schlangenarten, Vipern, Nattern und Ottern aus unserer Heimat, wie auch Schlangen aus den tropischen Regenwäldern sind hier zu bestaunen. Riesenschildkröten, Krokodile,

Leguane, Vogelspinnen und Skorpione sind zu sehen und im Wörtherseeaquarium tummeln sich heimische Fische.
Dank der vorbildlichen Tierhaltung kommt es alljährlich zu zahlreichen Nachzuchterfolgen. Daher ist es möglich, den Tierbestand durch Tausch der Züchtungen mit denen anderer Zoos immer wieder zu erweitern. Entsprechend dem Naturschutz- und Artenschutzgedanken werden Entnahmen aus der freien Natur dadurch überflüssig gemacht.
Im schattigen Sauriergarten finden die Besucher Nachbildungen von den großen Sauriern der Urzeit. Seit 300 Millionen Jahren gibt es Reptilien auf der Erde. Im Reptilienzoo Happ können beim Beobachten der faszinierenden Tiere, Ängste und Vorurteile die der Mensch gegenüber den Reptilien hegt, abgebaut werden.

Europapark und Minimundus

Seit Beginn des 20. Jahrhunderts wurde versucht, die Stadt an den See heran zu führen. Zum Glück scheiterten diverse Verbauungspläne an geschichtlichen Umständen. Erst in den 50er Jahren haben sich die Stadtväter dazu durchgerungen, im Wörthersee-Dreieck keine Verbauung zuzulassen. 1965 war es dann endlich soweit: 22 ha Sumpf- und Brachland verwandelten sich in die prachtvolle Anlage des Europaparks – die grüne Visitenkarte von Klagenfurt. Östlich des Parks wächst unaufhörlich „Minimundus – die kleine Welt am Wörthersee“. 1959 von der Österreichischen Gesellschaft „Rettet das Kind“ gegründet, findet Minimundus heute wegen seiner mehr als 170 hervorragend gestalteten Modelle im Maßstab 1:25 von Bauten aus allen Erdteilen weltweit Anerkennung.
Jules Verne hat 80 Tage gebraucht um die Erde zu umrunden. Hier, in der „kleinen Welt am Wörthersee“ können die Besucher in einigen Stunden die Sehenswürdigkeiten aus 53 Ländern bewundern. Die Modelle sind detailgetreu im Maßstab 1:25 gefertigt, und soweit dies technisch machbar ist, werden ausschließlich Originalmaterialien wie Marmor, Gold, Elbsandstein etc. verwendet. Spitzenmodelle, wie der Dresdner Zwinger oder der Petersdom haben eine Bauzeit von 5 bis 7 Jahren und kosten bis zu 10 Millionen Schilling.
Durchschnittliche Modelle haben einen Wert von 1 bis 2 Millionen Schilling. Ab Mitte April bis Ende Oktober ist Minimundus für Groß und Klein geöffnet.
Ein Besuch lohnt sich!

Im Herzen Kärntens – Maria Saal

Nicht von ungefähr bezeichnet man Maria Saal als das „Herz Kärntens“. Die Marktgemeinde ist nicht nur geografischer, sondern auch geschichtlicher Mittelpunkt Kärntens. Schon die Römer errichteten hier um 45 n. Chr. die Stadt „Virunum“, Provinzhauptstadt Noricums und damit kulturelles und wirtschaftliches Zentrum. Zahlreiche Ausgrabungen sind Zeugen einstiger Hochkultur. Eine archäologische Sensation ist die Freilegung der „Arena von Virunum“, die erst in letzter Zeit entdeckt wurde.
Auf der gegenüberliegenden Seite des Zollfeldes bildete sich ein frühmittelalterliches Zentrum in Karnburg mit seiner karolingischen „Pfalzgrafenkirche“. Hier befand sich auch der „Fürstenstein“, wo, gemeinsam mit dem heute noch vor Maria Saal stehenden „Herzogstuhl“, die bäuerlich-demokratische Einsetzungszeremonie der Kärntner Herzöge stattfand.
Der Mittelpunkt von Maria Saal ist aber die Wallfahrstkirche „Maria Himmelfahrt“, die von Bischof Modestus im 8. Jh. gegründet wurde. 1669 wurde sie nahezu eingeäschert und mit großen Opfern der Bevölkerung wieder aufgebaut. So zeigt sie sich heute als stattlicher spätgotischer Kirchenbau mit zwei mächtigen Türmen. In die äußere Südseite des Domes sind zahlreiche Römer- und Grabsteine eingelassen, deren bekanntester wohl das römische Wagen-Relief ist.
Bereits in den Dreißiger Jahren dieses Jahrhunderts bemühte man sich mit der Schaffung eines „Freilichtmuseums“ bäuerliches Kulturgut zu erhalten. Eine Vielzahl von zum Abbruch bestimmten Bauernhäusern, Blochstadeln und Flodermühlen wurden so gerettet, der Nachwelt erhalten und interessierten Besuchern zugänglich gemacht.

Ferlach

Westlich an das Jauntal angrenzend beginnt das Rosental mit seinem Hauptort Ferlach, der „Büchsenmacherstadt". Hier werden auch heute noch nach alter Tradition prachtvolle Jagdwaffen hergestellt, die auf der ganzen Welt Liebhaber gefunden haben. Ein eigenes Museum im Ferlacher Schloß ist der Jagd und den Jagdwaffen gewidmet.

Ferlach ist auch ein Ausgangspunkt für schöne Wanderungen in die Karawanken. Ein Aufstieg durch die wildromantische Tscheppaschlucht zum „Deutschen Peter", gehört ebenso zu den Freuden eines Sonnentages, wie ein Besuch des Bodentales und der Märchenwiese, und für Wanderlustige ist ein Ausflug auf das Ferlacherhorn oder zur Klagenfurter-Hütte (festes Schuhwerk notwendig) ein besonderes Erlebnis.

Die Obir-Tropfsteinhöhlen

In einer der schönsten Gegenden von Kärnten, im Gemeindegebiet von Bad Eisenkappel liegen auf einer Seehöhe von 1100 Metern die Tropfsteinhöhlen an der Nordseite des Obirmassives.
Die im vorigen Jahrhundert im Zuge des Bleierzabbaues entdeckten Naturhöhlen haben ein Ausmaß von ca. 5 km und wurden 1991 der Öffentlichkeit zugänglich gemacht. Sie stehen heute unter Denkmalschutz. Die Lange Grotte (260 m), die Wartburg Höhle (700 m) und die Kleine Grotte (130 m) zeigen eine unendliche Vielfalt von Sinterbildungen. Die Führung durch die bizarre Unterwelt, begleitet von Lichteffekten und Musik, dauert 1,5 Stunden. Die Zufahrt erfolgt mit eigenen Bussen von Bad Eisenkappel aus.
Ein Besuch der Trögerner Klamm oder der Aufstieg auf den Hochobir (2139 m) über die Eisenkappler Hütte gehören mit zu den schönsten Erlebnissen eines Sommertages.

Orts-, Künstler- und Stichwortregister

„Auf dem Rad", Werner Berg-Galerie Bleiburg

Ausgewähltes Schrifttum:

Abstimmungsstadt Völkermarkt. Kultur Rundgang. Projekt der Handelsschule 3AS-1992/93, hg. vom Kulturreferat der Stadt Völkermarkt.
Friedrich Achleitner, Österr. Architektur im 20. Jahrhundert Bd. II, Salzburg/Wien 1983.
Dehio-Handbuch. Die Kunstdenkmäler Kärntens, 3. erw. u. verb. Aufl. Wien 2001.
Geschichtl. über Eberndorf (Ausstellungskat. des Kärntner Landesarchivs 6), Klagenfurt 2000.
Erläuterungen zum historischen Atlas der österreichischen Alpenländer II/8/1 (Kärnten südlich der Drau, bearb. v. Walther Fresacher), 2. Aufl. Klagenfurt 1966; II/8/2 (Ost- u. Mittelkärnten nördlich der Drau, bearb. v. W. Fresacher, Gotbert Moro u.a.), Klagenfurt 1958.
Franz und Karoline Farthofer, Die Bildstöcke Kärntens, 2 Bde., 3. Auflage Klagenfurt 1992.
Peter Fister, Erlebte Architektur in Südkärnten, Klagenfurt/Wien 1991.
Galerien in Südkärnten. Kulturdreieck Südkärnten 1999 und 2000.
F. Glaser, Die röm. Siedlung Iuenna und die frühchristl. Kirchen am Hemmaberg, Klgft. 1982.
Franz Glaser, Eine weitere Doppelkirchenanlage auf dem Hemmaberg und die Frage ihrer Interpretation, in: Carinthia I 183 (1993), 165ff.
Gottfried Glawar, Geschichte Bleiburgs mit Sagenschatz des Kärntner Unterlandes, 2. erw. Aufl., Bleiburg 1991.
Siegfried Hartwagner, Pfarrkirche Pustritz, Pustritz o.J.
Hugo Henckel, Burgen und Schlösser in Kärnten Bd. 2, Klagenfurt/Wien 1964.
Peter Jablonka/Michael Exner, Wandererlebnis Geschichte. Urzeit unter Wald und Wiesen. Klopeinersee - Turnersee, St. Kanzian o. J.
Der Kärntner Kreuzweg Stein im Jauntal, hg. von der Gemeinde St. Kanzian am Klopeiner See, ebda. 2. Auflage o.J.
Karl Kafka, Wehrkirchen Kärntens, 2 Bände, Wien 1971-72.
Hans Keber (Hg.), Heimatbuch von Tainach, Tainach 1968.
Günther Körner, Griffen im Spiegel seiner Vergangenheit, Griffen 1969.
Günther Körner (Hg.), 750 Jahre Kapitel- und Stadtpfarrkirche St. Maria Magdalena, Klgft. 1998.
Anni Köstinger, Im Jauntal zu Gast, Eberndorf o. J.
Kogelnik Kiki, Der Totentanz im Karner Stein im Jauntal, hg. von der Gemeinde St. Kanzian am Klopeiner See, Klagenfurt 1996.
Wilhelm Kraiger, Potopljena vas / Das versunkene Dorf, o. O. u. o. J.
Gabriele Lazansky, Kärntner Museumsführer, Klagenfurt 1993.
Matthias Maierbrugger, Begegnung mit dem Klopeinersee, seiner Landschaft und seiner Geschichte, 2. Aufl. Klagenfurt 1972.
Marija Makarovič (Hg.), Dobrla vas in okolica. Iz preteklosti v sedanjost (Eberndorf und Umgebung. Vergangenheit und Gegenwart), Klagenfurt/Ljubljana/Wien 1996.
Neuhaus, zusammengestellt von Karl Pölz, Neuhaus 1993.
700 Jahre Markt Eisenkappel, Klagenfurt 1968 (sämtliche Beiträge auch erschienen in: Carinthia I 158/1968, 246-468).
Na poti skozi čas. Auf dem Weg durch die Zeit. Kultura v Škocjanu skozi 90 let. Streifzug durch 90 Jahre Kultur in St. Kanzian, Klagenfurt 1996.
Monika Siedler, Marktgemeinde Eberndorf einst und heute, Eberndorf 1992.
Stephan Singer, Kultur- und Kirchengeschichte des Jauntales: Dekanat Eberndorf, Kappel 1938; Dekanat Bleiburg, Klagenfurt 1983; Dekanat Tainach, Klagenfurt/Ljubljana/Wien 1995.
Eduard Skudnigg, Bildstöcke und Totenleuchten in Kärnten (Kärntner Heimatleben 22), 3. Aufl. Klagenfurt 1977.
Südkärnten. Von Iuenna zum Klopeiner See, Klagenfurt 1988.
Völkermarkt. Stadtpfarrkirche St. Magdalena (Christl. Kunststätten Österr. 236), Salzburg 1993.
Hermann Wiessner/Gerhard Seebach, Burgen und Schlösser in Kärnten II, 2. erw. Aufl. Wien 1980.
Robert Wlattnig, Diex. Sonnendorf auf der Saualpe, 2. korr. Aufl. Klagenfurt 1996.
Wissenschaftliche und populärwissenschaftliche Beiträge von Renate Jernej, Paul Gleirscher, Friedrich W. Leitner, Heimo Schinnerl, Franz Hartl, Wilhelm Deuer u. a. in den Zeitschriften Carinthia I und Kärntner Landsmannschaft.